中国教育发展战略学会
人工智能与机器人教育专业委员会 规划丛书

Python 与 AI 编程（上）

施彦 编著

中学版

北京邮电大学出版社
www.buptpress.com

图书在版编目（CIP）数据

Python 与 AI 编程 . 上 / 施彦编著 . -- 北京：北京邮电大学出版社，2019.7

ISBN 978-7-5635-5758-5

Ⅰ . ① P…　Ⅱ . ①施…　Ⅲ . ①人工智能－程序设计　Ⅳ . ① TP311.561 ② TP18

中国版本图书馆 CIP 数据核字 (2019) 第 138392 号

书　　　名：Python 与 AI 编程（上）

编 著 者：施　彦

责任编辑：孙宏颖

出版发行：北京邮电大学出版社

社　　　址：北京市海淀区西土城路 10 号（100876）

发 行 部：电话：010-62282185　传真：010-62283578

E-mail：publish@bupt.edu.cn

经　　销：各地新华书店

印　　刷：北京玺诚印务有限公司

开　　本：787 mm×1 092 mm　1/16

印　　张：7.25

字　　数：116 千字

版　　次：2019 年 7 月第 1 版　2019 年 7 月第 1 次印刷

ISBN 978-7-5635-5758-5　　　　　　　　　　　　　　　　定价：38.00 元

· 如有印装质量问题，请与北京邮电大学出版社发行部联系 ·

"中学人工智能系列教材"编委会

主　编：韩力群

编　委：（按拼音字母顺序排列）

毕长剑　陈殿生　崔天时　段星光　侯增广

季林红　李　擎　潘　峰　乔　红　施　彦

宋　锐　苏剑波　孙富春　王滨生　王国胤

于乃功　张　力　张文增　张阳新　赵姝颖

"中学人工智能系列教材"序

1956 年的夏天，一群年轻的科学家聚集在美国一个名叫汉诺佛的小镇上，讨论着对于当时的世人而言完全陌生的话题。从此，一个崭新的学科——人工智能，异军突起，开启了她曲折传奇的漫漫征程……

2016 年的春天，一个名为 AlphaGo(阿尔法围棋) 的智能软件与世界顶级围棋高手的人机对决，再次将人工智能推到了世界舞台的聚光灯下。六十载沧桑砥砺，一甲子春华秋实。蓦然回首，人工智能学科已经长成一棵枝繁叶茂的参天大树，人工智能技术不断取得令人叹为观止的进步，正在对世界经济、人类生活和社会进步产生极其深刻的影响，人工智能历史性地进入了全球爆发的前夜。人工智能正在进入技术创新和大规模应用的高潮期、智能企业的开创期和智能产业的形成期，人类正在进入智能化时代！

2017 年 7 月，国务院颁发了《新一代人工智能发展规划》(以下简称《规划》)。《规划》提出：到 2030 年，我国人工智能理论、技术与应用总体达到世界领先水平，成为世界主要人工智能创新中心。为按期完成这一宏伟目标，人才培养是重中之重。对此《规划》明确指出：应逐步开展全民智能教育项目，在中小学阶段设置人工智能相关课程，逐步推广编程教育。

人工智能的算法需要通过编程来实现，而人工智能的优势最适于用智能机器人来展现，三者的关系密不可分。因此，本套 " 中学人工智能系列教材 " 由《人工智能》(上下册)、《Python 与 AI 编程》(上下册) 和《智能机器人》(上下册) 三部分组成。

学习人工智能需要有一定的高等数学和计算机科学知识，学习机器人技术也同样需要有足够的数学、控制、机电等领域的知识。显然，所有这些知识内容都远远超出中小学生 (即使是高中生) 的认知能力。过早地将多学科、多领域交叉的高层次知识呈现在基础知识远不完备的中学生面前，试图用学生听不懂的术语解释陌生的技术原理，这样的学习是很难取得效果的。因此，如何设计中小学人工智能教材的教学内容？如何定位该课程的教学目标？这是在中小学阶段设置人工智能相关课程必须解决的共性问题，需要从事人工智能教学与科研的相关组织进行深入研究并给出可行的解决方案。

我们认为，相比于向学生传授人工智能知识和技术本身，应该更注重加深学生对人工智能各个方面的了解和体验，让学生学习和理解重要的人工智能基本概念，熟悉人工智能编程语言，了解人工智能的最佳载体——机器人。因此，本套丛书中的《人工智能》（上下册）一书重点阐述 AI 的基本概念、基本知识和应用场景；《Python 与 AI 编程》（上下册）讲解 Python 编程基础和人工智能算法的编程案例；《智能机器人》（上下册）论述智能机器人系统的构成和各构成模块所涉及的知识。这几本书相辅相成，共同构成中学人工智能课程的学习内容。

本系列教材的定位为：以培养学生智能化时代的思维方式、科技视野、创新意识和科技人文素养为宗旨的科技素质教育读本。本系列教材的教学目标与特色如下。

1. 使学生理解人工智能是用人工的方法使人造系统呈现某种智能，从而使人类制造的工具用起来更省力、省时和省心。智能化是信息化发展的必然趋势！

2. 使学生理解人工智能的基本概念和解决问题的基本思路。本系列教材注意用通俗易懂的语言、中学相关课程的知识和日常生活经验来解释人工智能中涉及的相关道理，而不是试图用数学、控制、机电等领域的知识讲解相关算法或技术原理。

3. 培养学生对人工智能的正确认知，帮助学生了解 AI 技术的应用场景，体验 AI 技术给人带来的获得感，使学生消除对 AI 技术的陌生感和畏惧感，做人工智能时代的主人。

韩力群

目　录

第一章

胶水语言
——初识 Python

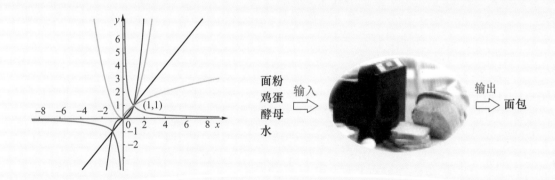

　　计算机程序设计语言是人和计算机交流信息的工具，现有的各种操作系统、应用程序都是采用计算机程序设计语言来实现的。在介绍Python这门常用的计算机程序设计语言之前，我们首先体会生活中存在的计算思维和如何用计算机处理信息的过程看待这个世界。

第
一
节

Section 1

计算思维与生活

　　我们以制作三明治为例来说明生活中的计算思维以及其与计算机程序的对应关系。第一个方法是采用现成材料制作双层三明治，第二个方法是采用基本原材料来制作三明治。

▶ 双层三明治的制作

1. 双层三明治的制作

我们要制作的三明治是双层三明治，制作原料如表1-1所示。

表1-1　双层三明治的制作原料

原　料	数　量	
鸡蛋	2个	
吐司	3片	
西红柿	1个	
生菜	6片	
千岛酱/果酱	适量	

3

双层三明治的做法和流程如图1-1所示。

图 1-1　双层三明治的制作流程

2. 双层三明治制作中的计算思维

关于计算思维与计算机程序的数据以及编程结构的初步认识，如表1-2所示。

表 1-2　生活中的计算思维

三明治制作流程	计算思维
准备原材料	输入数据
开始对原材料进行操作	开始对数据进行操作
顺序结构（先放吐司，再放鸡蛋等）	顺序结构（计算有先后）

续 表

三明治制作流程	计算思维
循环结构（重复放两次西红柿）	循环结构（重复某一计算过程）
分支结构（根据不同口味选择放与不放千岛酱）	分支结构（根据不同的情况进行选择）
结束（三明治做好了）	结束（计算完毕）

》》贝果三明治的制作及其与函数的联系

该例子源自http://www.xiachufang.com/recipe/100129270/中的三明治做法，制作材料如表1-3所示。

表 1-3 贝果三明治的制作材料

材 料	用 量
高筋面粉	300克
盐	3克
糖	15克
干酵母	3克
水	160毫升
煮贝果的水	300毫升
煮贝果的红糖	两大勺

贝果三明治的制作流程如图1-2所示。

关于子任务的分解：在第一个例子中，面包是已经做好的，我们对每种原料的操作就是一个子任务，而在第二个例子中，面包的完成需分解成若干个步骤。如何将问题分解为若干子任务，子任务又如何进一步分解，都是计算思维需要考虑的内容。

对多步数据操作的封装：做一个三明治时，如果面包从和面到烘焙成功都需要手工完成的话，是非常费时费力的，如果有工具可以将这些工序打包完成，就会比较轻松，这个工具在编程语言中就称之为函数，在这里面包机就是一个函数：$y=f(x_1, x_2, \cdots, x_n)$，即"面包=面包机（高筋面粉，水，干酵母，糖，盐，煮贝果的水，煮贝果的红糖）"。

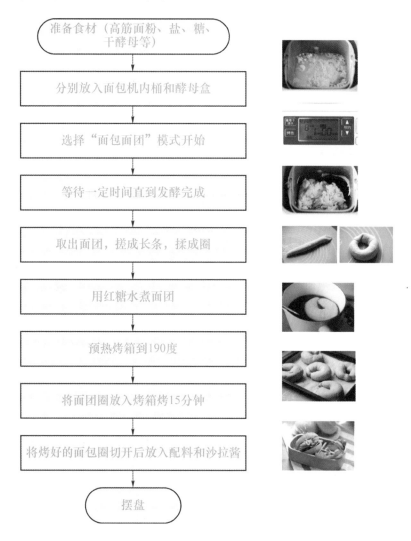

图 1-2　贝果三明治的制作流程

以上生活中的实例体现了计算机编程思想，特别是面向过程的编程思想：将每个问题划分为若干个步骤，输入数据，对数据进行处理，用流程控制数据处理的顺序（包括顺序结构、循环结构、分支结构），最后得到结果。最核心的概念是数据、数据的操作、函数、流程结构，这些也是其他编程语言都具备的内容。

　　在上述例子中，我们接触到了函数的概念，即函数是某一特定功能的实现，它是由若干命令组成的。在此基础上，还有一个模块的概念。模块是多个函数的集合。当一个文件中的函数越来越多的时候，这个文件就越来越大，难以维护。例如，我们在日常生活中通常要将物品分类，并且放在一起，如电子设备中的音乐、电影，电子游戏中的装备，乐高的零件，图书，急救箱，厨房的炊具。模块也就是将具有一些类似功能或者完成同一目标的函数放在一个文件中，提供给多个用户使用。用户无须再去编写相应程序，只需将整个文件导入即可。

　　最后，与面向过程相对应，面向对象的编程思想是将数据和对数据的操作（函数方法）封装在一起，例如，我们现实世界中的人、动物等都有自己的属性（如体重、五官等）和功能（行走、交流），属性对应数据，功能对应函数。这部分内容将在后面章节详细展开。

第二节 Section 2

编程语言及Python的特点

▶ 编程语言的原理

计算机程序设计语言通过对所有的信息进行数字化处理，为每一个字母、字符进行编码，用计算机指令与计算机进行交互。计算机中的大规模集成电路传输的是由电信号转换成的一串串的数字信号 1 和 0，因此机器语言就是最原始的 1 和 0 的数码串，存储器的地址、存储的内容、运算的内容都是一串串的 1 和 0。要是和它说"你好"，它可听不懂，必须说"&#x4F60；&#x597D"（"你好"的 16 进制机器编码），它才能明白。那么问题来了，人是用自然语言进行沟通的，而且也记不住这么多的机器代码，这要想让机器干点事情可真是太费劲了。

于是，人们发明了汇编语言，将难以记忆的机器码编写成相对易于记忆的助记符，例如，将某个数据1234H（十六进制数，相当于十进制4660）放入寄存器当中，采用的是MOV指令，即MOV AX，1234H。对应的机器码为：B83412。这就像邮递员送信，在机器码当中，需要告诉他精确的地理位置，即东经、北纬的度数；到了汇编语言，相当于我们给这个地理位置取了一个地名；到了高级语言，可以写成name=4660，该信息传递的方式可以看作电子邮件，我们关心的是将这个值（4660）送给了谁（name），至于这个电子邮件存在哪个公司的哪个存储器上我们是不用关心的。

编程语言用于开发计算机程序，如开发操作系统、创建网站、进行科学计算等。不管哪种编程语言，最终都要"翻译"成机器语言。不同的编程语言在完成同一任务时，所需要的代码量各不相同。例如，C语言要写1000行代码，Java只需要写100行，而Python可能只要20行。

不同的编程语言所擅长的领域不同。偏向底层开发（硬件或操作系统）的C语言功能强大，速度快，但编写复杂；手机应用App有特定的语言，对于iPhone，使用Swift/Objective-C，针对Android则使用Java；写3D游戏，为了保证运行速度，一般采用C语言或C++。而Python作为一种高级计算机语言，它目前在网站、网络游戏后台、人工智能等方面获得了广泛应用。如YouTube、Instagram，还有国内的豆瓣就是用Python开发的，很多大公司，包括Google、Yahoo等，甚至NASA（美国国家航空航天局）都大量地使用Python。

Python在著名的编程语言排行榜TIOBE中，属于最近20年最常用的10种编程语言之一（大约有600多种语言）。TIOBE排行榜如图1-3所示。

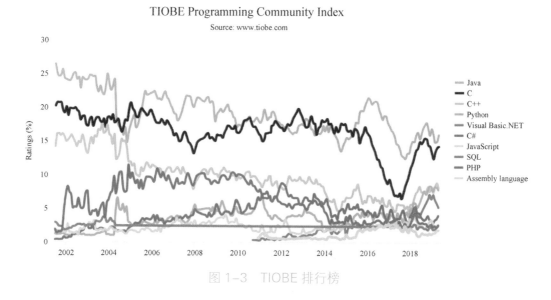

图1-3 TIOBE 排行榜

Python 在以下领域占有极重要的地位：数据分析和 AI、网络攻防的黑客语言、编程入门教学、云计算系统管理。另外，Python也是Web 开发、游戏脚本、计算机视觉、物联网管理和机器人开发的主流语言之一。把近20年的编程语言进行对比可以发现，Python在2018年已经成为排名第四的语言，紧逼C++的地位。随着 Python 用户的不断增长，它还有机会在多个领域里发挥更大的作用。

Python的创始人是Guido van Rossum（吉多·范罗苏姆），之所以定义为Python，是因为他是Monty Python（巨蟒）喜剧团的爱好者。1989年的圣诞节期间，为了打发无聊的时光，Guido决心开发一个新的脚本解释程序，作为ABC 语言（他前期参与开发的一种教学式语言）的一种继承，并作为一种开放式的语言来面向大众。1991年第一个公开版发行，Guido给Python的定位是"优雅""明确""简单"。Python常被大家称之为胶水语言，它能够很轻松地把用其他语言制作的各种模块（尤其是C/C++）连接在一起，让非计算机专业的人也能很容易地入门，把各种基本程序元件拼装在一起，协调运作。

Python入门容易，简单易用。它的语法规则更接近人类的语言，语句比较容易看懂，具有较高的可阅读性；Python提供了非常完善的基础代码库，覆盖了网络、文件、GUI（图形用户接口）、数据库、文本等大量内容。这样我们在用Python开发时就不用从零编写，直接使用现成的即可。非计算机专业的人也可以很快地编写出一些完成日常任务的程序，例如，自动备份MP3，做个微信自动回答程序等。

Python也有它的缺点。相比C语言，Python的运行速度非常慢。这是因为Python是解释型语言，程序执行时需要逐行翻译成机器码，而C语言运行的是编译好的直接可以理解的机器码。但在一般应用中，这种速度上的差距并不影响用户的使用效果。例如，从网上下载一个文件是0.001秒和0.1秒的差别，由于网速的关系，这个差别是可以忽略不计的。第二个缺点是Python不能加密，不过现在很多程序都是开源程序，目前是服务重于软件，因此也无须担心其商业价值问题。

Python与人工智能

本书侧重于Python在人工智能中的应用。之所以选择Python作为实现工具，是因为作为Python的解释器CPython具有胶水语言特性，以及Python在历史上也一直都是科学计算和数据分析的重要工具。由于人工智能需要和很多硬件打交道，如GPU（图形处理单元）等，为了达到一定的计算速度，很多核心算法都采用C/C++进行开发。而在编写应用程序时，要开发一个其他语言到C/C++的跨语言接口，Python是最容易的。

在AI领域中，随着大数据的深入发展，除了研究机构里的 AI 科学家、机器学习专家和算法专家，越来越多领域的用户需要使用AI技术，如教师、公司职员、工程师、翻译、编辑、医生、销售、管理者和公务员，他们需要根据各自领域中的行业知识和数据资源，来结合AI技术改变各自领域的面貌。随着计算机和互联网时代的到来，越来越多的人需要拥抱计算机技术、大数据技术和AI技术，那么这种简单易学、拥有强大工具箱而且又可以像胶水一样黏结各种组件的语言将成为更多用户的首选。下面来看看AI的Python库。

▶▶ 经典AI库

① AIMA：Python实现了Russell（罗素）和Norvigs（诺维格）的《人工智能：一种现代的方法》（*Artificial Intelligence: A Modern Approach*）中的算法（下载地址：https://pypi.org/project/aima/）。

② pyDatalog：Python中的逻辑编程引擎，其中的Datalog是prolog的子集，擅长模拟智能行为（如游戏中的智能行为）、执行递归算法（如图形

分析）或管理大量相关信息（如语义网络）（下载地址：https://pypi.org/project/pyDatalog/0.3.0/）。

③ SimpleAI：Python实现了《人工智能：一种现代的方法》中阐述的人工智能算法，提供了易于使用、含有良好文档和测试数据的库（下载地址：https://pypi.org/project/simpleai/）。

④ EasyAI：EasyAI是一个用于两人抽象游戏的纯Python人工智能框架，如Tic Tac Toe、Connect 4、rsi等。使用它可以方便地定义游戏机制、与计算机进行对抗等（下载地址：https://pypi.org/project/easyAI/）。

主要的机器学习库

① PyBrain（Reinforcement Learning，Artificial Intelligence and Neural Network Library，强化学习、人工智能和神经网络库）是一个模块化机器学习库。它的目标是为机器学习任务和各种预定义的环境提供灵活、易于使用且强大的算法，以测试和比较算法。访问地址：http://pybrain.org/。

② PyML是一个以Python编写的交互式面向对象的机器学习框架。PyML侧重于支持向量机和其他内核方法。它支持Linux和Mac OS X。访问地址：http://pyml.sourceforge.net/。

③ scikit-learn 集成了经典的机器学习算法，这些算法和Python科学包（NumPy、SciPy、matplotlib）紧密关联。访问地址：http://scikit-learn.org/stable/。

④ MDP-Toolkit 提供了一个Python数据处理的框架，包括监督学习和无监督学习算法、主成分分析和独立成分分析与分类。访问地址：https://pypi.python.org/pypi/MDP。

自然语言和文本处理库

自然语言和文本处理库主要是NLTK 开源Python模块，NLTK为超过50个语料库和词汇资源（如WordNet）提供易于使用的接口，以及一套用于分类、标记化、词干提取、解析和语义推理的文本处理库，用来研究和开发自然语言处理和文本分析，有Windows、Mac OS X和Linux版本。访问地址：http://www.nltk.org/。

Python的安装

要进行Python编程，需要在计算机（Mac系统、Windows系统或者Linux系统）中安装Python软件。安装后，会得到Python解释器（负责运行Python程序）、一个命令行交互环境，还有一个简单的集成开发环境。

目前，Python有两个版本，一个是2.x版本，另一个是3.x版本，这两个版本不兼容，在2.x版本中编写的有些程序无法在3.x版本中执行。目前最新版本已经是3.7，考虑一些软件包的兼容性，本书采用3.6.1版本。

第一步：首先在官网下载Python的安装程序，如图1-4所示，网址为https://www.python.org/downloads。

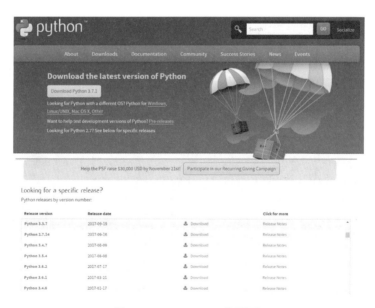

图1-4　Python下载页面

第二步：运行下载的exe安装包。特别要注意勾选上"Add Python 3.6 to PATH"，然后单击"Install Now"即可完成安装，如图1-5所示。

图 1-5　Python 安装页面

第三步：运行Python。安装成功后，打开命令提示符窗口，键入Python后，出现如图1-6所示的画面表示安装成功；如果出现错误，请重新安装，并注意路径选项是否已经勾选。

图 1-6　Python 控制台界面

看到提示符"＞＞＞"表示已经在Python交互式环境中了，可以输入任何

Python代码，回车后会立刻得到执行结果。如果输入exit（）并回车，就可以退出Python交互式环境（也可以直接关闭命令行窗口）。

　　我们也可以在IDLE环境中进行编程（推荐使用该方法），Python IDLE环境如图1-7所示。

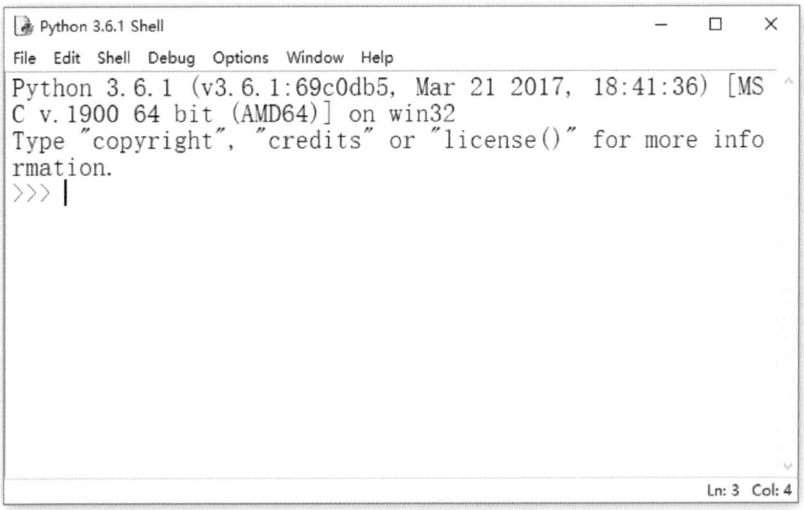

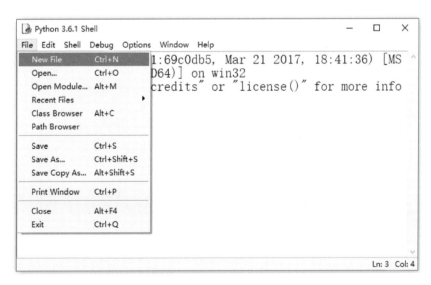

图 1-7　Python IDLE 环境

　　单击"File"菜单，建立新的脚本文件（以.py结尾），如图1-8和图1-9所示。

图 1-8　新建 Python 文件

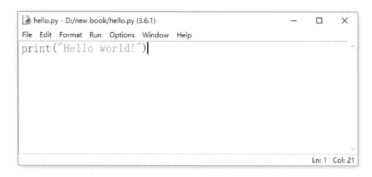

图 1-9　Python 脚本文件

在"Run"下拉菜单中单击"Run Module F5"，如图1-10所示。

图 1-10　运行 Python 脚本文件

此时就会在Shell窗口出现运行结果，如图1-11所示。

图 1-11　运行结果窗口

本章小结

❯❯ 本章简要地说明了生活中的计算思维，Python 语言的来历、主要特点和安装方法，并介绍了 Python 与人工智能的密切联系。自从 20 世纪 90 年代初 Python 语言诞生至今，Python 已经成为最受欢迎的程序设计语言之一。Python 语言简洁、易读以及可扩展性强，众多开源的科学计算软件包都提供了 Python 的调用接口，因此 Python 语言及其众多的扩展库所构成的开发环境十分适合工程技术、科研人员处理数据、开发科学计算应用程序以及实现人工智能应用。

本章习题

❯❯ 1. 说说你在日常生活中发现的计算思想。

❯❯ 2. 说一说红灯停、绿灯行中的编程思维。

❯❯ 3. 说一说从买票到乘坐火车的编程思维。

❯❯ 4. Python 有什么特点？为什么成了 AI 的主要语言？

第二章

描述世界
——数据类型

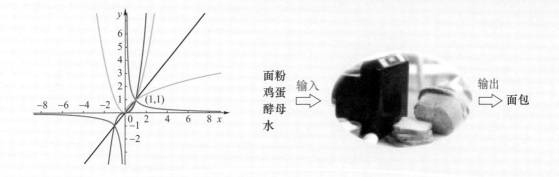

面粉　　输入　　　　　　　　　输出
鸡蛋　　　　　　　　　　　　面包
酵母
水

在真实世界中，我们用不同的载体、不同的描述、不同的计量单位来记录和传递这个世界的不同信息。例如，书籍（文本）、图像（照片、绘画）、视频、音频、网页等存储数据对事物的表达也采用不同的组织形式和描述方法。那么在计算机编程语言中，是如何存储这些数据，对数据的操作又是如何进行的呢？答案是离不开数据类型和变量的。在讲述这些概念之前，我们先来举几个例子，请同学们思考这些描述世界的数据有什么不同，如何进行数据组织更为有效？

第
一
节

Section 1

数据类型与变量简介

先来看三国人物关羽。

本　　名：关羽	别　　称：美髯公、关公、武圣
字　　号：本字长生，后改字云长	是否为虚构人物：否
身　　高：八尺（2.1米）	所处时代：东汉
民族族群：汉族	出 生 地：河东解良（今山西运城）
出生时间：160 年	去世时间：220 年
职　　业：将领	官　　职：前将军、襄阳太守
爵　　位：汉寿亭侯	谥　　号：壮缪侯
坐　　骑：赤兔马	兵　　器：青龙偃月刀
主要成就：白马斩颜良，襄樊败于禁，斩杀庞德	

再来看一下《水浒传》中的108将。

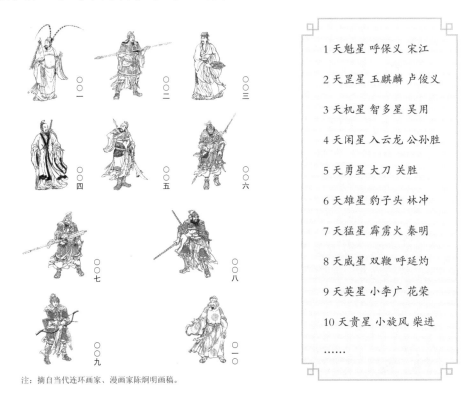

1 天魁星 呼保义 宋江

2 天罡星 玉麒麟 卢俊义

3 天机星 智多星 吴用

4 天闲星 入云龙 公孙胜

5 天勇星 大刀 关胜

6 天雄星 豹子头 林冲

7 天猛星 霹雳火 秦明

8 天威星 双鞭 呼延灼

9 天英星 小李广 花荣

10 天贵星 小旋风 柴进

······

注：摘自当代连环画家、漫画家陈焜明画稿。

在上面的描述中，可以发现在现实世界中，我们用不同的数据类型以及数据组织的方式（数据结构）来描述事物。例如，《水浒传》108将的排名顺序是整数（int类型），关羽的身高是小数（计算机中称为浮点数，float类型），关羽的名字、成就都是文字（计算机中一般用字符串来表示，string类型，简称str），"是否为虚构人物"中的"是"与"否"则是布尔数（bool类型，只取1和0，即True和False）。

为了便于使用这些数据，通常我们会引入变量存储这些数据，实际上变量相当于存储空间的名字，例如，我们把1枚鸡蛋放入鸡蛋托盘中，这枚鸡蛋就是数据，托盘就是存储空间，我们可以在托盘的某个位置贴上标签a，此时a就是存储空间的名字，也就是变量名。之所以称为变量，是因为它的值可以更改，在有些编程语言中，某个变量一旦定义就需要始终存入一种类型的数据，也就是这个位置只能放鸡蛋，而在Python中同一变量可以在再次使用时放入其他类型的数据，比如可以放西红柿。当然，读者会有疑问，这个位置放不下啊？所以系统实际上另外开辟了一块存储空间并将其重新命名为a，然后放入西红柿。

数据：鸡蛋、西红柿　　变量：托盘、容器

在Python中，我们可以定义变量name、height，例如：

```
name='关羽'
height=2.1
print(name,'的身高是', height,'米')
```

运行结果是：

```
关羽的身高是 2.1 米
```

在这里简单说明变量的命名和存储规则：变量的作用是用来存储数据的，便于对数据进行操作；声明变量采用直接取名赋值的方法即可，变量的名字有一定的命名规则。

a. 只能由字母、数字、下划线组成，且不能以数字开头。

b. 严格区分大小写（a和A是两个不同的标识符）。

c. 如果标识符由多个单词组成，则每个单词之间用下划线隔开（规范）。

d. 命名要见名知义，名字最好和描述的对象有密切的联系。

e. 变量名所有字母小写。

f. 不能是关键字，或者Python系统提供的函数名。

有了变量，就可以方便地对数据进行操作了，但是仅仅用单一类型数据来描述世界不够方便，例如，关羽这个人物就很难用一种数据来描述，这就需要我们定义新的数据类型，大家可以为计算机设计一下，需要什么样的数据类型呢？

"如果可以把关羽的简介放在一个变量当中，既包含数字，又包含字符串就方便多了。"

确实如此，在Python中，设计了一种非常方便的数据类型：列表（list）。注意此处用中括号"[]"进行标识。定义一个列表类型的变量，它就可以将不同类型的数据都存放在一起。下面的变量GY_Introduction就是一个列表：

```
GY_Introduction=  ['Guanyu', 'Yunchang', 2.1]
print(GY_Introduction)
```

输出结果：

```
['Guanyu', 'Yunchang', 2.1]
```

"当把关羽的介绍存储好之后，使其可以展示在用户面前，但又不希望他人对其进行修改，列表是否可以做到？"

这就需要元组(tuple)来帮忙。元组是另一种数据类型，类似于列表。元组用" ()"标识，内部元素用逗号隔开。但是元组不能二次赋值，相当于只读列表。操作实例与列表相似。

```
GY_Introduction=('Guanyu', 'Yunchang', 2.1)
print(GY_Introduction)
GY_Introduction[0]='Guan_yu'
```

此处最后一句会报错：TypeError: 'tuple' object does not support item assignment。这表明元组的元素是不可以修改的。

按照顺序读取数据，或者按照序列号来读取数据是列表的特点，例如，现在我们将《水浒传》108将中的3个将领存入列表Shuihu108_info_list中：

Shuihu108_info_list=[['1'，'天魁星'，'呼保义'，'宋江']，['2'，'天罡星'，'玉麒麟'，'卢俊义']，['3'，'天机星'，'智多星'，'吴用']]

如果我们想知道第3个将领是谁，就可以调用第3个元素来查看，即Shuihu108_info_list[2]（索引是从0开始的）。

print(Shuihu108_info_list[2])

输出结果：

['3'，'天机星'，'智多星'，'吴用']

可以看出，列表是一个非常有序的数据集合。然而，有时候数据并非都是排好序的或者本身就没有先后排名顺序，如我们在读书或者玩三国游戏时发现典韦这个人物，需要查找他的相关资料，如果还按照顺序去查找就非常困难了。

"如果能够按照他的名字进行索引就好了！"

采用数据类型中的字典（dictionary，简称dict）就可以达到这一要求。字典是除列表以外Python中最灵活的内置数据结构类型。列表是有序的对象结合，字典是无序的对象集合。两者之间的区别在于：字典当中的元素是通过键来存取的，而不是通过偏移下标存取的。字典用"{ }"标识。字典由索引(key)和它对应的值(value)组成。例如：

Sanguo_dict = {'关羽'：'蜀国'，'典韦'：'魏国'，'鲁肃'：'吴国'}
print("Sanguo_dict['典韦']:", Sanguo_dict['典韦'])

输出结果：

Sanguo_dict['典韦']：魏国

小P说一说

世界多彩多样，让我们用计算机来描述。

> 1. 整数、浮点数和布尔数和我们在数学中的表达很像，不过由于计算机的位数限制，数的大小可不是无穷无尽的。

> 2. 文本数据通常用字符串来表示，下标是访问的重要利器。

> 3. 列表、元组和字典就像一个个的小包裹，把有一定关联的数据组织在一起，如美食清单、英雄榜单。

对以上内容做个总结，在Python中，能够直接处理的数据类型主要有以下几种：数字，包括整数、浮点数、布尔数等，字符串，列表，元组以及字典。下面对各种数据类型及其操作进行详细说明。

对数据的操作

由于每种数据类型的存储内容和方式不同，对其进行处理和操作的方式也就不同。对数据的操作主要有两种方式，一种是运算符，另一种是函数。这两种方式和我们在数学中接触的方式是基本一致的。首先我们以最简单的数字类型的数据为例来进行说明，然后针对每种数据类型以及操作再进行详细说明。此处是关于函数的简单应用，更加详细的内容参见第4章。

x=input(" 请输入一个数 :")# 用 input() 函数接收用户输入的内容，并将其赋给变量 x

a=float(x)+1 # 将字符串 x 转化为浮点数并和 1 相加，和赋给变量 a

y=round(a) # 四舍五入取整

print(a) # 打印

print(y) # 打印

输出结果是：

请输入一个数：3.1415

4.1415000000000001

4

在这里，使用了运算符"+"、函数 round() 以及函数 print()。其中 round() 函数有输出值（返回值），而 print() 函数则没有返回值，只执行函数体内的内容。举个生活中的谚语和常识，"牛吃草，挤出来的是奶"，这就是有返回值的函数；"肉包子打狗，一去不回头"，可以类比无返回值的函数，实际上这种函数很多是输出函数，如本例中的 print(a)，即将 a 的值打印在屏幕上。而实际上运算符也可以想象成一个函数，那么同学们想一想这个函数 "+()" 的输入有几个呢？如果是 $x+1$，那么在这个式子中，输入就是 x 和 1，有两个输入。

下面给出不同数据类型的定义和基本操作。Python有5个标准的数据类型：

- numbers（数字）；
- string（字符串）；
- list（列表）；
- tuple（元组）；
- dictionary（字典）。

其中列表、元组及字典属于集合类型的数据类型。

➤ 数字

数值型数据存储于数字数据类型中，它们是不可改变的数据类型，这意味着改变数字数据类型会分配一个新的对象。

一旦声明一个变量并指定一个数字数据，这个变量就成为一个numbers对象，可以用del语句删除这个对象，一旦删除，就不存在这个变量了。如下例所示：

```
var1=1
var2=2
var3=3
print(var1)
print(var2)
print(var3)
del var1, var3  # 删除多个变量，用逗号（,）隔开即可
print(var1, var3)
```

输出结果：

```
1
2
3
Traceback (most recent call last):
File "D:\new book\example2-1.py", line 30, in <module>
print(var1, var3)
NameError: name 'var1' is not defined
```

在数字数据类型中，可以处理的类型包括：int（有符号整型）、long（长整型，也可以代表八进制和十六进制）、float（浮点型）、complex（复数）和布尔值。

1. int

Python可以处理任意大小的整数，但实际上和计算机的位数有关，例如，在32位的计算机上，取值范围为$-2^{31}\sim 2^{31}-1$，即$-2\ 147\ 483\ 648\sim 2\ 147\ 483\ 647$。整数的写法和数学上的写法一样，如1、300、$-5$等。由于计算机采用二进制，因此也可以采用十六进制（每到16进位）表示整数，前面加上前缀0x，后边用0~9，a~f表示，如0xf2（f表示15，整个数为十进制的$15\times 16+2=242$）。

2. long

Python的长整数没有指定位宽，即没有限制长整数数值的大小，但实际上由于计算机内存有限，长整数数值不可能无限大。

3. float

浮点数用来处理实数，即带有小数的数字。每个数占8字节（64位），其中52位表示底，11位表示指数，剩下的一位表示符号。一般的浮点数可以用数学写法，如4.25、-63.08等。但是对于很大或很小的浮点数，就必须用科学计数法表示，把10用e替代，4.28×10^{9}就是4.28e9，0.0012可以写成1.2e-3，等等。

小P来解惑

小明遇到一道题需要计算：$3.14 \times 5.73+(4+9.8) \times 8.3 \div 4.32+\sqrt{3}$。

小P说：我来帮忙，开始噼里啪啦键入代码。

```
print(3.14*5.73+(4+9.8)*8.3/4.32+sqrt(3))
```

小明说：和我的数学公式很像啊，只是乘号变成了"*"，除号变成了"/"，开方变成了"sqrt()"。

小P说：是的，Python对数学式子的计算和数学的表达式很像，所见即所得，很方便。

小明说：这可太好了！

4. complex

复数由实部和虚部组成，一般形式为$a+\mathrm{j}b$，其中a是复数的实数部分，b是复数的虚数部分，这里的a和b都是实数。

5. 布尔值

对于布尔值，大家可能有点陌生，但是说到"真"与"假"，大家一定就熟悉了。布尔值和布尔代数的表示完全一致，也就是一个真或假的值，例如，3>2的判断结果为真，这个运算式的结果就是True。一个布尔值只有True、False两种值，在Python中，可以直接用True、False表示布尔值（请注意大小写），也可以通过布尔运算计算出来，布尔值可以用and、or和not运算。

"欲破曹兵，宜用火攻。万事俱备，只欠东风。"在这句话中包含着一个逻辑判断，如果有了东风，就万事俱备，即万事俱备的判断结果为True；如果没有东风，则万事俱备的判断结果为False。为了帮助大家理解布尔值，我们来执行一个任务（开启幸运之门）。

小 P 来解惑

第一关：找到一把金钥匙🔑或一把银钥匙🔑。

第二关：找到一把金钥匙🔑和一把银钥匙🔑。

第三关：找到一把金钥匙🔑或一把银钥匙🔑，并且找到一颗红宝石🔴。

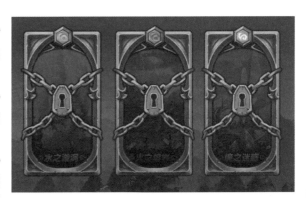

我们把找到钥匙定义为真（True），没找到定义为假（False），"或"用or表示，"并且"用and表示。下面看看两个闯关者的战绩。

第一关：

闯关者1：找到一把金钥匙🔑，True or False，结果为True，闯关成功！

闯关者2：找到一把银钥匙🔑，False or True，结果为True，闯关成功！

第二关：

闯关者1：找到一把金钥匙🔑和一把银钥匙🔑，True and True，结果为True，闯关成功！

闯关者2：只找到一把银钥匙🔑，False and True，结果为False，闯关失败！

第三关：

闯关者1：找到一把银钥匙🔑和一颗红宝石🔴(False or True) and True，结果为True，闯关成功！

说明：闯关者2在第二关已经失败，没机会闯第三关，故无相应战绩。

到这里，大家应该已经初步了解布尔值的使用方法和运算规则了吧？

布尔值经常用在条件判断中，使用方法可参看表2-1。

表 2-1　布尔运算

运算符	含　义	范　例

and	and运算是"与"运算，相当于我们日常说的"并且"，需要所有的判断结果都为真（True），and运算的结果才是True	>>> True and True
		True
		>>>True and False
		False
		>>>False and False
		False
		>>> 20 > 3 and 6 > 1
		True

or	or运算是"或"运算，只要其中有一个判断结果为True，or运算的结果就是True	>>> True or True True >>>True or False True >>>False or False False >>>20 > 3 or 0 > 3 True

not	not运算是"非"运算，它是一个单目运算符，只对一个数据进行操作，是做一个反运算，把True变成False，False变成True	>>> not True
		False
		>>> not False
		True
		>>> not 4 > 6
		True

6. 空值

空值是Python里一个特殊的值，用None表示。None不能理解为0，因为0是有意义的，而None是一个特殊的空值。

▶▶ 字符串

现实世界中的信息很多是文本信息，包括文字、符号等，这些文本信息在计算机世界中采用字符串的表达方式。字符串或串是由数字、字母、下划线组成的一串字符。字符串采用单引号(' ')或双引号(" ")括起来，引号内的文本如'关羽'、"xyz"等。字符串是引号中的内容，如"xyz"包括x、y、z 3个字符。如果数字写在引号中，那么此时数字也是字符串。还有些字符无法表达，如换行符、制表符等，这时我们就在前面加"\"来表示特殊的字符，这就是转义字符，如表2-2所示。

表 2-2　转义字符表

转义字符	描　述
\(在行尾时)	续行符
\\	反斜杠符号
\'	单引号
\"	双引号
\a	响铃
\b	退格(Backspace)
\e	转义
\000	空
\n	换行
\v	纵向制表符
\t	横向制表符
\r	回车
\f	换页
\oyy	八进制数，yy代表字符，例如：\o12代表换行
\xyy	十六进制数，yy代表字符，例如：\x0a代表换行
\other	其他的字符以普通格式输出

下面我们利用转义字符来打印一首唐诗：

print(' 春眠不觉晓,\n 处处闻啼鸟。\n 夜来风雨声,\n 花落知多少。')

输出结果为：

春眠不觉晓，

处处闻啼鸟。

夜来风雨声，

花落知多少。

下面就要介绍一下对字符串的操作。由于字符串是一串按照顺序存储的文本字符，因此我们可能存在以下一些需求。

- 字符串中某一段的字符是什么？
- 字符串有多长？
- 这个字符串是否以某个特定的字符串/字符开始或结束？这可以帮助我们查找某些特定的字符串，例如，在一堆人名中，我们需要找到名字最后一个字为"博"的同学，或者以"h"开头的词语等。

随机给定一个字符串str="a happy day"，每一个字符都有一个编号，这个编号从0开始，也可以倒数，最后一个为–1。这个编号被称之为下标，可以通过下标索引的方式获得字符串的内容。

- 单个字符直接用下标访问，例如：str[0]就可以获得字符a，str[–1]就可以获得最后一个字符y。
- 一段字符用首尾下标方式获得，如[头下标:尾下标]，例如：str[2:4]取的是第三个到第四个字符ha（顾头不顾尾，或左闭右开）。

其他对字符串的操作往往是通过函数来实现的。字符串作为一个可操作的数据对象，使用函数对字符串进行操作有两种方式，一种是将字符串作为函数的参数f(str)，另一种是字符串对象调用自身的函数str.f()。表2-3列出了常用操作。

表2-3　对字符串的操作

函　　数	范　　例	结　　果
获取字符串的长度len()	print(len('python'))	6
将字符串中每个单词首字母大写，单词之间以空格或逗号分隔str.title()	print('hello, world'.title())	Hello, World

续 表

函 数	范 例	结 果
将字符串中所有的小写字母转换成大写字母str.upper()	print('hello, world'. upper())	HELLO, WORLD
将字符串中所有的大写字母转换成小写字母str.lower()	print('Hello PYTHON'.lower())	hello python
判断一个字符串是否以指定的字符串开头str.startswith('')	print('今天的天气非常好'.startswith('今天'))	True
判断一个字符串是否以指定的字符串结尾 str.endswith('')	print('关于'.endswith('于'))	True

▶▶ 列表

列表是 Python 中使用最频繁的数据类型之一，它可以把一大堆不同的数据类型放在一起，形成一个数据集合。例如前面《水浒传》中108将的信息，如果用字符串进行存储，就只能写在一起，即

Shuihu_info_str='1 天魁星 呼保义 宋江 2 天罡星 玉麒麟 卢俊义 '

如果我们想按照排名进行查询就比较困难，而列表就比较方便，可以通过列表的嵌套实现多条记录的存储：

Shuihu108_info_list=[['1',' 天魁星 ',' 呼保义 ',' 宋江 '],['2'' 天罡星 '' 玉麒麟 '' 卢俊义 '],['3'' 天机星 '' 智多星 '' 吴用 ']]

此时每个元素就是一个子列表。

列表是一个有序的集合，与字符串类似，同样可以通过下标来进行访问：

Shuihu_info_list[1] # 第二个元素

Shuihu108_info_list[-1] #倒数第一个元素

操作实例：

Shuihu_info_list=['1',' 天魁星 ',' 呼保义 ',' 宋江 ']

```
Shuihu108_info_list=[['1','天魁星','呼保义','宋江'],
['2','天罡星','玉麒麟','卢俊义'],['3','天机星','智多星','吴
用']]
print(Shuihu_info_list[1])#第二个元素
print(Shuihu108_info_list[-1])#倒数第一个元素
print(Shuihu108_info_list[0:])#第一个元素到最后一个元素
print(Shuihu108_info_list[1:3])#第二个元素到第三个元素，
范围是[1,3)
print(Shuihu_info_list*3)#打印3次
print(Shuihu_info_list+Shuihu108_info_list)#两个列表
拼接
```

输出结果：

天魁星

['3','天机星','智多星','吴用']

[['1','天魁星','呼保义','宋江'],['2','天罡星','玉麒麟','卢俊义'],['3','天机星','智多星','吴用']]

[['2','天罡星','玉麒麟','卢俊义'],['3','天机星','智多星','吴用']]

['1','天魁星','呼保义','宋江','1','天魁星','呼保义','宋江','1','天魁星','呼保义','宋江']

['1','天魁星','呼保义','宋江',['1','天魁星','呼保义','宋江'],['2','天罡星','玉麒麟','卢俊义'],['3','天机星','智多星','吴用']]

除了可以利用索引来访问元素之外，也可以利用索引修改某个元素，如果要增加元素，需要用后面提到的函数进行操作。

例如：

```
Shuihu108_info_list[2]=['4','天闲星','入云龙','公孙胜']
```

print(Shuihu108_info_list)# 修改某个元素

输出结果：

[['1',' 天魁星 ',' 呼保义 ',' 宋江 '],['2',' 天罡星 ',' 玉麒麟 ',' 卢俊义 '],['4',' 天闲星 ',' 入云龙 ',' 公孙胜 ']]

另外，还可以使用函数对列表进行多种操作，例如，求取元素的个数（len）、增加元素（insert、append）、删除元素(pop)，如表2-4所示。

表 2-4　对列表的操作

函　数	范　例	结　果
求取元素的个数，用len()函数	len(Shuihu_info_list)	4
追加元素到末尾，用append()函数，将需要插入的内容放在函数参数中	Shuihu_info_list.append('急公好义') print(Shuihu_info_list)	['1', '天魁星', '呼保义', '宋江', '急公好义']
把元素插入指定的位置，用insert()函数，将索引位置和内容作为两个参数放入函数参数中	Shuihu_info_list.insert (3,['3','天机星','智多星','吴用'])	[['1', '天魁星', '呼保义', '宋江'], ['2', '天罡星', '玉麒麟', '卢俊义'], ['3', '天机星', '智多星', '吴用'], ['4', '天闲星', '入云龙', '公孙胜']]
要删除list末尾的元素，用pop()方法	Shuihu_info_list.pop()	[['1', '天魁星', '呼保义', '宋江'], ['2', '天罡星', '玉麒麟', '卢俊义'], ['3', '天机星', '智多星', '吴用']]
要删除指定位置的元素，用pop(i)方法，其中i是索引位置	Shuihu_info_list.pop(0)	[['2', '天罡星', '玉麒麟', '卢俊义'], ['3', '天机星', '智多星', '吴用']]

➤➤ 元组

元组是一种与列表相似但是不能修改的数据类型，一旦初始化就不能修改，它没有append()、insert()这样的方法。元组采用"()"标识，内部元素用逗号隔开。但是元组不能二次赋值，相当于只读列表。

例如同样是列出三国武将的名字，如果数据类型采用元组，操作结果如表2-5所示。

表2-5　对元组的操作

列　表	元　组
Sanguo_Wujiang_l = ['关羽', '张辽', '魏延'] print(Sanguo_Wujiang_l) Sanguo_Wujiang_l.append('许褚') print(Sanguo_Wujiang_l[2]) print(Sanguo_Wujiang_l)	Sanguo_Wujiang_t = ('关羽', '张辽', '魏延') print(Sanguo_Wujiang_t) print(Sanguo_Wujiang_t[-1]) Sanguo_Wujiang_t.append('许褚') print(Sanguo_Wujiang_t)
输出结果： ['关羽','张辽','魏延'] 魏延 ['关羽','张辽','魏延','许褚']	输出结果： ('关羽', '张辽', '魏延') 魏延 Traceback (most recent call last): File "D:\new book\example2-1.py", line 51, in <module> Sanguo_Wujiang_t.append('许褚') AttributeError: 'tuple' object has no attribute 'append'

现在，Sanguo_Wujiang_t这个元组不能被改变，它也没有append()、insert()这样可以修改元素的方法。如果只是获取元素，这些方法和列表一样，都是通过[下标]进行索引的。

不可变的元组有什么意义？由于元组不可变，因此如果某些数据不希望被别人修改，就可以采用元组，这样代码更安全。因此应该尽可能使用元组代替列表。当元组中只有一个元素时，就需要在后面加一个逗号来消除歧义：

```
t=(1,)
t[0]
```

输出结果为第一个元素0。

最后来看一个"可变的"元组：

```
t=('a','b',['A','B'])
print(t)
t[2][0]='C'
print(t)
t[2].append('D')
print(t)
```

输出结果是：

```
('a','b',['A','B'])
('a','b',['C','B'])
('a','b',['C','B','D'])
```

这个元组变量为什么发生了改变？实际上在这个元组变量中，最后一项是一个列表，这一项的内部是可以改变的。

▶ 字典

前面的列表和元组都是有序的数据类型，但现实世界中的数据集合有些是不排序的，例如，前面我们提到的三国武将信息需要存储，可以采用列表或元组存储，但查询时还需要知道每个武将的编号，这就不太方便，此时如果可以把武将的名字作为索引，即对关键词进行查询就比较方便。在Python中，可以采用字典来实现。

字典是另一种可变容器模型，且可存储任意类型对象，每组数据包括关键词（键）及其所对应的内容（值）。键一般是唯一的，如果重复最后的一个键值对会替换前面的键值对，值不需要唯一。值可以取任何数据类型，但键必须是不可变的，如字符串、数字或元组。

一个简单的字典实例：

```
Sanguo_dict={'关羽':'蜀国','张辽':'魏国','魏延':'蜀国'}
print(Sanguo_dict['关羽'])
```

输出结果：

蜀国

这里的人名为键，后面冒号对应的属地为值，即字典的每个键值对 key-value 用冒号 (:) 分割，不同的键值对之间用逗号分隔，整个字典用花括号({})括起来，格式如下：

```
d={key1:value1,key2:value2}
```

访问某条记录时，把相应的键放入字典的方括号，如Sanguo_dict['关羽']。

1.关于字典键的要求

值可以取任何Python对象，但键有一定的要求。

① 同一个键只能出现一次，如果创建时同一个键被赋值两次，则后一个值会被记住。例如：

```
Sanguo_dict={'关羽':'蜀国','关羽':'魏国','魏延':'蜀国'}
print(Sanguo_dict['关羽'])
```

输出结果为：

魏国

② 键必须不可变，所以可以用数字、字符串或元组，不能用列表。

2. 对字典的常用操作

例如，给定一个字典：

```
dict={'小明': 200605,'小新': 200801,'小宇': 200502}
```

可以执行表2-6所示的操作。

表 2-6 对字典的操作

操 作	范 例	输出结果
删除操作：能删除单一的元素，也能清空字典，清空只需一项操作	#del dict['Name'] # 删除键是'Name'的条目 如：del dict['小明'] print(dict)	{'小新': 200801, '小宇': 200502}
	dict.clear() #清空词典所有条目	{}
	del dict # 删除词典实例	<class 'dict'>
	#dict.pop('Name') #取出值并删除，或叫作弹出 如：dict.pop('小新')	{'小明': 200605, '小宇': 200502}
计算字典元素个数，即键的总数	len(dict)	3
输出字典可打印的字符串表示	str(dict)	{'小明': 200605, '小新': 200801, '小宇': 200502}
返回输入的变量类型，如果变量是字典就返回字典类型	type(dict)	<class 'dict'>
以列表返回一个字典所有的键	dict.keys()	dict_keys(['小明', '小新', '小宇'])
以列表返回字典中的所有值	dict.values()	dict_values([200605, 200801, 200502])
用布尔运算符in来判断：如果键在字典dict里返回True，否则返回False	#key in dict 如：'小新' in dict	True
把字典dict2的键/值对更新到dict里	dict2= {'小明': 200605, '小琪': '200606', '小宁': '200912'} dict.update(dict2) print(dict)	{'小明': 200605, '小新': 200801, '小宇': 200502, '小琪': '200606', '小宁': '200912'}

本章小结

　　本章我们学习了不同的数据类型，以及对数据的操作。在不断的编程实践中我们要能够将现实世界与数字世界进行联系，把握不同数据类型的特点和操作方法，这是编写程序的基础。另外，我们还初步接触了变量，要体会变量中的"变"，在编写程序时灵活使用变量。Python 中的变量不需要声明，但在使用前都必须赋值，变量赋值以后该变量才会被创建。在 Python 中，变量就是变量，它没有类型，我们所说的"类型"是变量所指的内存中对象的类型。

本章习题

❱ 1. 请在屏幕上输出"早上好！"或者其他语句。

❱ 2. 声明变量的注意事项有哪些?

❱ 3. 布尔值分别有什么?

❱ 4. 列表和元组有什么区别?

❱ 5. 阅读代码，请写出执行结果：

```
a="alex"
b=a.capitalize()
print(a)
print(b)
```

❱ 6. 阅读代码，请写出执行结果：

```
name = " aleX "
for i in name:
print(i)
```

❱ 7. 创建一个程序，要求用户输入他们的姓名和年龄，并打印一份他们的信息，告诉他们 100 岁是哪一年。

❱ 8. 请使用变量 a 存储一个数字 5，并且在屏幕上输出。

9. 请采用字符串变量存储一首唐诗并输出。

10. 建立一个列表变量，存储班级内若干个同学的信息并输出。

11. 建立一个元组变量，存储班级内若干个同学的信息，并与列表变量相比较。

12. 建立一个字典变量，存储你所喜爱的菜谱、人物等内容，并进行查询操作。

13. 写代码，有如下列表，按照要求实现每一个功能（所有练习题同样适用于元组）。

    li = ['alex','eric','rain']

    a. 计算列表长度并输出。

    b. 在列表中追加元素"seven"，并输出添加后的列表。

    c. 请在列表的第1个位置插入元素"Tony"，并输出添加后的列表。

    d. 请修改列表第2个位置的元素为"Kelly"，并输出修改后的列表。

    e. 请删除列表中的元素"eric"，并输出修改后的列表。

    f. 请删除列表中的第2个元素，并输出删除元素的值和删除元素后的列表。

    g. 请删除列表中的第3个元素，并输出删除元素后的列表。

    h. 请删除列表中的第2至4个元素，并输出删除元素后的列表。

    i. 请将列表所有的元素反转，并输出反转后的列表。

    j. 请使用 for、len、range 输出列表的索引。

    k. 请使用 enumrate 输出列表元素和序号（序号从100开始）。

    l. 请使用 for 循环输出列表的所有元素。

14. 编写一个回执的模板，如"×年级×班学生×××的家长已经知道学校的安排，并能按照学校的要求督促学生进行复习。学生家长签字：×××"。请在×××位置采用变量，改变变量的值，打印出不同的结果。

回　执

_____年级_____班学生_____的家长已经知道学校的安排，并能按照学校的要求督促学生进行复习。

学生家长签字：

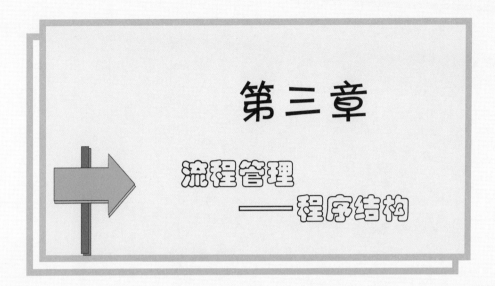

第三章

流程管理
——程序结构

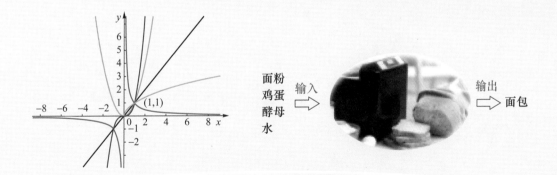

面粉　输入　　　　　　输出
鸡蛋　⇒　　　　　　⇒　面包
酵母
水

程序在一般情况下是按代码的先后顺序执行的，然而很多情况需要更复杂的执行路径，例如，根据不同的情况执行不同的语句，或者将某一个操作执行若干次。编程语言提供了各种控制结构，即顺序、分支和循环，如图3-1所示，允许更复杂的执行路径。

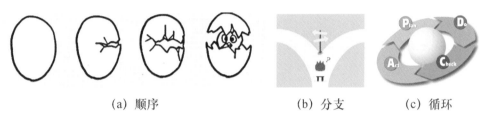

（a）顺序　　　　　　　　　　（b）分支　　　　（c）循环

图3-1　程序结构

分支结构与条件语句

在《三国演义》中，有孔明借东风的故事，如果东风不来，就不开战；如果东风来了，就火攻曹营，如图3-2所示。这是一个典型的根据不同情况（条件）采取不同策略做事的顺序。这在程序执行结构中称为分支结构，我们采用条件语句来实现。

▶▶ 简单条件语句 if-else

如果条件为真（True），则执行相应代码块1，否则（False），执行代码块2，可以通过图3-3来简单了解条件语句的执行过程。

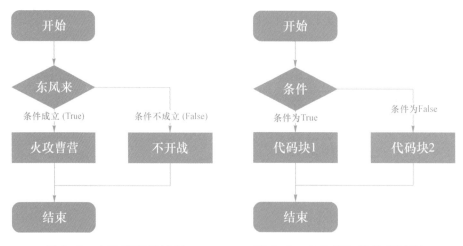

图3-2　火攻曹营逻辑图　　　　图3-3　条件语句的执行过程

在条件语句中，条件的判断是核心，需要确定以下3个方面：条件是什么，判断标准是什么，判断结果是什么。

Python编程中if语句用于控制程序的执行，其基本形式为：

```
if 判断条件：
    执行语句……
else：
    执行语句……
```

if语句的判断条件可以用>（大于）、<(小于)、==（等于）、>=（大于等于）、<=（小于等于）来表示。如果判断得到的结果为任何非零和非空（null）值,则在Python程序语言中得到的结果为True，如果是0或者null，则结果为False。如1>0，这个判断就为真。

执行结果：当"判断条件"成立时，即判断结果为非零时，则执行后面的语句（一行或多行，以缩进来区分同一范围）。else为可选语句，在条件不成立执行相关内容时使用。

下面我们来实现"火攻曹营"的例子：

```
wind='东风'
if wind=='东风': #条件为真
    print(wind)
```

```
    print('东风已来，准备')
    print('火攻曹营')
else:#条件为假
    print('等待')
```

输出结果为：

东风

东风已来，准备

火攻曹营

▶▶ 多分支结构 if-elif-else

当判断条件为多个值时，可以使用以下形式：

```
if 判断条件1：
    执行语句1……
elif判断条件2：
    执行语句2……
elif判断条件3：
    执行语句3……
```

```
else:
    执行语句4……
```

下面给出一个程序，用来实现输入数字，进行判断后，给出是"星期几"：

```
num=8
if num == 1: # 判断num的值
    print ('Monday')
elif num == 2:
    print ('Tuesday')
elif num == 3:
    print ('Wednesday')
if num == 4:
    print ('Thursday')
elif num == 5:
    print ('Friday')
elif num ==6 or  num ==7:
# 值为6或7时输出
    print ('Weekend')
else:
print ('error') # 条件均不成立时输出
```

运行程序，输出结果为：

```
error
```

▶▶ 多条件判断

elif实现了多分支结构，即多种情况的判断与执行。在某一个判断条件中，如果需要同时判断多个条件，可以采用and（与）或者or（或），and表示多个条件同时成立，or表示多个条件中只有一个成立即可。另外，如果判断条件非常复杂，需要采用括号来区分判断的先后顺序，括号中的判断优先执行，此外 and 和 or 的优先级低于>（大于）、<（小于）等判断符号，即大于和小于在没有括号的情况下会比and、or要优先判断。

```
num=5
weather='sunny'
numstr=input("请输入数字：")
num=int(numstr)
weather=input("请输入天气windy, sunny, rainy, cloudy：")
if (weather=='sunny' or weather=='cloudy') and (num>=
1 and num<=5): # 判断num的值
    print ('Play football after school')
elif (weather=='windy' or weather=='rainy') and
(num>= 1 and num<=5): # 判断num的值
    print ('Stay at home after school')
else:
    print ('Happy Weekend') # 条件均不成立时输出
```

输出结果：

请输入数字：4
请输入天气windy, sunny, rainy, cloudy：windy
Stay at home after school

循环结构

在日常生活中，我们经常会重复一个动作多次，如扫地、抄词 *n* 遍、背诵 *n* 遍等，这在程序语言中可以用循环结构实现。循环结构允许我们执行一个语句或语句组多次，但注意不是无限多次（陷入死循环）。什么时候会终止循环呢？这就需要设置终止条件，一种是设置循环的次数，另一种是在循环中设置循环终止的条件。

图3-4给出大多数编程语言中的循环语句的一般形式，图3-5给出火攻曹营的计算机编程循环结构。

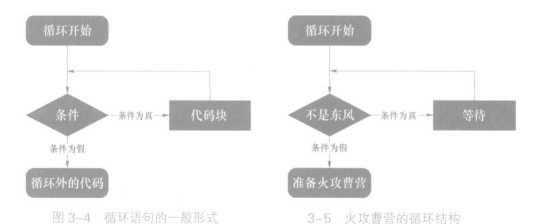

图 3-4　循环语句的一般形式　　　　3-5　火攻曹营的循环结构

Python提供了两种循环语句：while循环和for循环。

while循环是给定判断条件为真时执行循环体；而for循环是判断某个变量在一个范围内时执行循环体，如遍历某个区间、某个字符串或者列表。循环可以进行嵌套，例如，在while循环中嵌套for循环，在for循环中嵌套for循环。

除了通过判断条件来结束循环之外，在循环体执行时，如果满足某个条件需要退出循环，可以采用break语句和continue语句来实现，这两个都是循环控制语句。其中，break 语句在语句块执行过程中终止循环，并且跳出整个循环；continue 语句在语句块执行过程中终止当前循环，跳出该次循环，执行下一次循环。假设一个循环要执行10次，在执行到第5次时，若满足某个条件触发break语句，则循环就此停止；而若是触发continue语句，则仅仅是第5次循环的循环体语句不执行，而第6次仍然继续执行。

另外，若仅仅为了测试程序的执行顺序而不执行具体内容，可以加入pass语句（空语句），来保持程序结构的完整性。

▶▶ while 循环语句

while的基本形式为：

```
while 判断条件：
    执行语句……
```

while后面的判断条件为真（True）时，重复执行某段程序，执行语句可以是单个语句或语句块。一旦判断条件为假(False)时，循环结束。以孔明借东风的故事为例：

```
while wind!= '东风'  #不等于东风
    print('等待')
```

1. 一个简单的例子

先给一个简单的例子体会while的使用：

```
number = 0
while (number < 5):
    print 'The number is:', number
    number = number + 1
print "Good bye!"
```

只要数字小于5就输出该数字。

以上代码执行的输出结果：

```
The number is: 0
The number is: 1
The number is: 2
The number is: 3
The number is: 4
Good bye!
```

2. 奇偶数分开

小 P 来解决

Q：给出含有奇数和偶数的一组数。要求：将奇数放在一起，偶数放在一起。

小 P 想：

第一，需要将这一组数放在一个变量中，而这组数的个数未知；

第二，需要逐一取数，这是一个重复的工作；

第三，取数取到所有数都取完为止；

第四，将奇数和偶数分别放入新的变量中。

解决该问题的思路：首先将一些数放入一个列表变量中，然后逐一取数，判断是奇数还是偶数，将奇数放入一个新的列表中，将偶数放入另一个新的列表中。由于逐一取数是一个重复的工作，可以采用循环来实现。

目前需要解决几个关键点，一是循环终止条件如何设置，二是如何取数和放数，三是判断奇数和偶数。循环终止的条件应设置为取完所有的数。由于不知道有多少个数，因此有如下几个途径：一是计算列表的长度，当循环次数达到列表长度时程序就终止；二是同样利用列表长度，每取走一个数，列表长度就减1，当列表长度为0时，循环就可以终止了。计算列表长度用len()函数来实现，取数可以用pop()函数来实现，而加数可以用append()函数来实现。判断奇数和偶数可以依据数学上的判据，能被2整除（余数为零）的就是偶数，反之为奇数。

因此这个程序用while循环可以这样实现：

```
Numbers=[1,33,15,52,75,62,14]
even=[]  #存储偶数
odd=[]  #存储奇数
while len(Numbers)>0:
  number=Numbers.pop()
  if(number%2==0): #判断是否为偶数
    even.append(number)
  else:
    odd.append(number)
print(even)
print(odd)
```

结果为：

```
[14, 62, 52]
[75, 15, 33, 1]
```

▶ for 循环语句

for循环语句可以遍历任何序列的项目，如一个列表或者一个字符串。for循环的语法格式如下：

```
for iterating_var in sequence:
    statements(s)
```

for循环语句的流程图如图3-6所示。

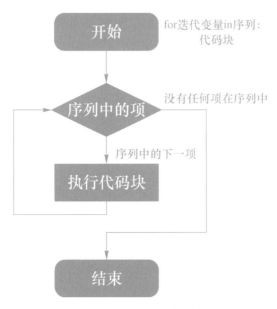

for迭代变量in序列：
    代码块

没有任何项在序列中

序列中的下一项

图3-6 for循环语句的结构

可以改写上面取奇数和偶数的例子：

```python
Numbers=[1,33,15,52,75,62,14]
even=[] #存储偶数
odd=[] #存储奇数
for number in Numbers:
  if number%2==0:
    even.append(number)
  else:
    odd.append(number)
print(even)
print(odd)
```

➤ for 通过序列索引迭代

同样还可以采用索引的方式进行迭代，range()函数能够返回一个序列的数，如range(10)返回的是1，2，…，10。利用len()函数可以求得序列的个数，以便于循环条件的设定。如下实例：

```
Shuihu_list = [[1,",'songjiang'],[2,",'chaogai']]
for index in range(len(Shuihu_list)):
  print('当前好汉 :', Shuihu_list [index])
print("结束!")
```

以上实例输出结果：

当前好汉 : [1, '', 'songjiang']

当前好汉 : [2, '', 'chaogai']

结束！

>> 循环使用 else 语句

在Python 的循环语句中，同样可以搭配使用else，用于执行循环之后的语句。for-else 表示这样的意思：for 中的语句和普通的if没有区别，else 中的语句会在循环正常执行完（即 for 不是通过 break 跳出而中断的）的情况下执行。while-else 也是一样。在循环中可以单独使用else语句，此时while循环部分相当于if条件为True的情况，而else执行循环条件为False的情况。例如：

wind = input("请输入wind:")　#input()函数接收键盘输入，返回一个字符串数据

　while wind!='东风':#不等于东风

　　wind = input("wind:")　#input()函数接收键盘输入，返回一个字符串数据

　　print('等待')

　else:

　print('准备进攻')

以上实例输出结果：

请输入wind:东风

准备进攻

在循环语句中，特别是使用while 语句时，还可以采用两个重要的命令continue、break 来跳过或者跳出循环。continue 用于跳过该次循环，break 则用于退出循环。此外"判断条件"还可以是个常值，表示循环必定成立。

循环中的break语句和continue语句的基本流程图分别如图3-7和图3-8所示。

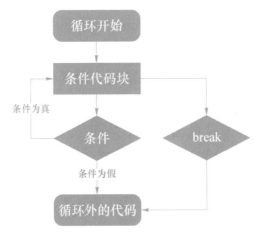

图 3-7　循环中的 break 语句

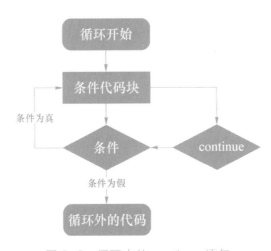

图 3-8　循环中的 continue 语句

如果将取奇数和偶数的程序进行修改，加入break和continue，对比如表3-1所示。

表3-1　break语句和continue语句的对比

break	continue

Numbers=[1,33,15,52,75,62,14]
even=[] #存储偶数
odd=[] #存储奇数
while len(Numbers)>0:
　number=Numbers.pop()
　if(number%2==0): #判断是否为偶数
　　break
even.append(number)
　　else:
odd.append(number)
print(even)
print(odd)
	Numbers=[1,33,15,52,75,62,14]
	even=[] #存储偶数
	odd=[] #存储奇数
	while len(Numbers)>0:
	　number=Numbers.pop()
	　if(number%2==0): #判断是否为偶数
	　　continue
	even.append(number)
	　　else:
	odd.append(number)
	print(even)
	print(odd)

输出结果: [] []	输出结果: [] [75, 15, 33, 1]
说明: 碰到第一个偶数就退出程序	说明: 如果是偶数, 则跳出该次循环, 不打印偶数

　　如果因编写程序错误而出现无限循环, 可以使用 Ctrl+C 键来中断循环。

综合程序——石头剪刀布的游戏

下面我们来编写一个石头剪刀布的游戏，这里用到了循环和分支结构。

小P来解决

Q：让用户玩家和计算机玩家进行石头剪刀布的游戏。

要求：分别出石头、剪刀、布中的一个，根据不同的情况定出胜负。

小P想：

首先要解决输入问题，包括玩家输入，计算机则自动产生；

其次要解决胜负判定，可以分成不同的情况，用分支结构来实现；

最后要设计程序执行的次数，是否一直执行，还是根据用户的选择，可以用循环和条件语句实现。

具体问题分析及解决如下，包括数据的输入和程序流程的控制。

1. 数据的输入

数据的输入包括玩家输入，计算机则自动产生。

玩家输入可以采用input()函数。

计算机需随机自动产生，我们导入random模块中的生成整数的randint()函数，然后通过该函数生成随机整数，通过在包含石头、剪刀、布的列表中索引获得相关选项。

2. 程序流程的控制

① 重复游戏，直到玩家退出为止，根据这个要求，需要用到循环语句以及判断语句。循环语句用于不断地重复游戏，判断语句则询问玩家意愿，如果玩家愿意则继续玩下去，如果不愿意则退出游戏，这个判断结果可以和循环的判断条件结合在一起。因此这里采用while进行循环，用if-else结构进行判断。

例如：用户意愿用selection变量进行判断，如果selection的值为'Y'或者'y'〔通过input()函数输入〕，则设定flag变量为1，然后用于循环while flag==1的判断中。

```
selection=input('是否继续? 是请按Y或y,退出请按任意键:')

if selection=='Y' or 'y':
  flag=1
else:
  flag=0
```

② 根据玩家和计算机出的选项，确定输赢。

这里由于有好几种情况，因此采用分支结构来进行处理，例如平局，玩家分别出石头、剪刀或布时(非平局时)的输赢情况，这里采用if-else和if-elif并嵌套使用。

举其中一种情况，假设用户出的选项存在变量player当中，而计算机的选项存在变量computer当中，则如果两者一样，为平局：

```
if player==computer:
  print('平局! ')
```

其他非平局的情况可以放在else里面再次进行判断，例如，用户出剪刀，计算机可能出石头或者布（出剪刀的情况已经判断过），在else里面嵌套如下语句：

```
elif player==' 剪刀 ':
```

```
if computer=='布':
    print('你赢了！',player,'剪',computer)
else:
    print('你输了！',computer,'砸',player)
```

最后给出完整的程序，读者也可以根据自己的逻辑进行修改，例如，把胜负情况放在一个列表中，根据用户和计算机出的情况查找列表中对应选项，得出胜负结果。

```
#综合程序
from random import randint
#创建玩家选项
t=['石头','剪刀','布']
#为计算机随机分配一个玩家
#利用randint()产生随机数,进而通过索引在t中取得石头、剪刀、布的选项
computer=t[randint(0,2)]
selection=input('是否继续？是请按Y或y,退出请按任意键:')
if selection=='Y' or selection=='y':
    flag=1
else:
    flag=0
print(flag)
while flag==1:
    player=input('石头,剪刀,布？')
    if player==computer:
        print('平局！')
    elif player=='石头':
        if computer=='剪刀':
            print('你赢了！',player,'砸',computer)
```

```
    else:
        print('你输了！',computer,'包',player)


elif player=='剪刀':
    if computer=='布':
        print('你赢了！',player,'剪',computer)
    else:
        print('你输了！',computer,'砸',player)
elif player=='布':
    if computer=='石头':
        print('你赢了！',player,'包',computer)
    else:
        print('你输了！',computer,'剪',player)


selection=input（'是否继续？是请按Y或y,退出请按任意键:'）
if selection=='Y' or 'y':
    flag=1
    continue
else:
    flag=0
    break
computer=t[randint(0,2)]
```

运行结果：

是否继续？是请按Y或y，退出请按任意键：y

1

石头，剪刀，布？石头

平局！

是否继续？是请按Y或y，退出请按任意键：y

石头，剪刀，布？剪刀

你输了！石头　砸　剪刀

是否继续？是请按Y或y，退出请按任意键：y

石头，剪刀，布？剪刀

你输了！石头　砸　剪刀

是否继续？是请按Y或y，退出请按任意键：y

石头，剪刀，布？石头

平局！

是否继续？是请按Y或y，退出请按任意键：y

石头，剪刀，布？布

你赢了！布　包　石头

本章小结

　　计算机程序在解决某个具体问题时，包括3种情形，即顺序执行所有语句、选择执行部分语句和循环执行部分语句，这正好对应着程序设计中的3种程序执行结构流程：顺序结构、选择结构和循环结构。任何一个能用计算机解决的问题，只要应用这3种基本结构来写出的程序都能解决。Python语言当然也具有这3种基本结构。本章介绍了程序的基本控制结构：顺序、分支和循环。本章还介绍了相关的Python语句。注意在循环、条件等后面加冒号。熟练掌握条件-分支语句if-else、if-elif-else，循环语句for和while，以及在循环语句中常用来限定循环次数或范围的range()函数。

本章习题

❯1. 关于程序的控制结构，哪个选项的描述是错误的？（　　　）

　　A. 流程图可以用来展示程序结构

　　B. 顺序结构有一个入口

C. 控制结构可以用来更改程序的执行顺序

D. 循环结构可以没有出口

2. 下列有关 break 语句与 continue 语句不正确的是（　　）。

　　A. 当多个循环语句彼此嵌套时，break 语句只适用于最里层的语句

　　B. continue 语句类似于 break 语句，必须在 for、while 循环中使用

　　C. continue 语句结束循环，继续执行循环语句的后继语句

　　D. break 语句结束循环，继续执行循环语句的后继语句

3. 哪个选项能够实现 Python 循环结构？（　　）

　　A. loop

　　B. while

　　C. if

　　D. do-for

4. 哪个选项不符合下述程序空白处的语法要求？（　　）

```
for var in ___:
    print(var)
```

　　A. range(0,10)

　　B. {1;2;3;4;5}

　　C. "Hello"

　　D. (1,2,3)

5. 哪个选项的描述是正确的？（　　）

　　A. 条件 35<=45<75 是合法的，且输出为 False

　　B. 条件 24<=28<25 是合法的，且输出为 False

　　C. 条件 24<=28<25 是不合法的

　　D. 条件 24<=28<25 是合法的，且输出为 True

6. 关于条件循环，哪个选项的描述是错误的？（　　）

　　A. 条件循环也叫无限循环

　　B. 条件循环使用 while 语句实现

　　C. 条件循环不需要事先确定循环次数

　　D. 条件循环一直保持循环操作，直到循环条件满足才结束

7. 哪个选项是 random 库中用于生成随机小数的函数？（　　）

    A. random()

    B. randint()

    C. getrandbits()

    D. randrange()

8. 编程练习：有一个字符串 "I am learning Python"，我们想要查找出它里面的字母"a"，并统计出其个数。提示：可以结合条件语句和循环语句对字符串进行处理。

9. 编程练习：给定一个列表，如 a = [1, 1, 2, 3, 5, 8, 13, 21, 34, 55, 89]，写一个程序打印出所有小于 5 的元素。

10. 实现用户输入用户名和密码，当用户名为 admin 且密码为 123 时，显示登录成功，否则登录失败！

11. 使用 while 循环实现输出 2—3+4—5+6 —…+100 的和。

12. 输出 1~100 内的所有奇数。

第四章

分工协作
——模块化编程

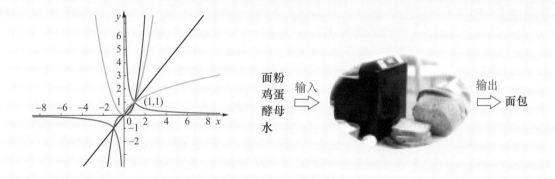

面粉
鸡蛋
酵母
水

输入 ⇨

输出 ⇨ 面包

数学中的"函数"（function）这一名词，最早是由中国清朝数学家李善兰在翻译《代数学》时使用的。中国古代"函"字与"含"字通用，都有着"包含"的意思。之所以这么翻译，他给出的原因是"凡此变数中函彼变数者，则此为彼之函数"，简而言之，可以理解为"凡是公式中含有变量x，则该式子叫作x的函数"。也即函数是指一个量随着另一个量的变化而变化，或者说一个量中包含另一个量。更普遍意义上的函数是指"对应法则"。例如y=x+2，这个函数中，y与x的函数关系是指y是在x的基础上加2，x、y皆为变量。

函数的作用是把变量之间、集合之间的映射关系进行抽象。在计算机编程语言中，也存在函数，它是编程语言中不可或缺的、非常重要的部分。函数在这里更有"功能"（function）之意。它把对数据的一系列处理（具有某种目标和作用）封装在一起，形成了一个函数。这就像我们在前面提到的面包机，它可以将放入的材料如面粉、酵母、糖等（输入变量），经过一系列的搅拌、烘焙操作之后形成面包，如图4-1所示。

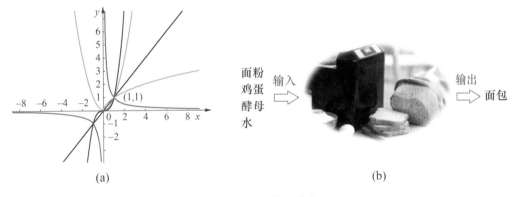

图 4-1 函数与功能

请思考采用函数的好处是什么呢？好处是使用方便，利于维护代码，可以重复使用。然而当编写的函数越来越多，都放在同一个文件中时，代码会越来越长，这也给维护带来困难，而且当别人使用这些函数时，虽然不用重新编写，但还是需要进行复制。解决这些问题的办法是什么呢？读者可以观察一下生活中的例子，如共享单车，在房间内共用同一照明设施等。因此，在编程语言中，也可以引入这样的机制。我们将函数写入单独的文件，这样就可以提供给所有人使用；或者更进一步，为了便于管理，还可以将许多函数分组，将完成同一目标的函数放在同一文件中，例如，有些函数是用来画图的，有些是用来统计的，这就像在日常生活中我们将书本、文具、厨具、药品分门别类地放好，这也易于管理和使用。这样每个文件包含的代码就相对较少，还可以提供给用户进行使用。在Python中，这些文件以.py结尾，一个.py文件就称之为一个模块（module），如图4-2所示。下面将分别介绍函数和模块。

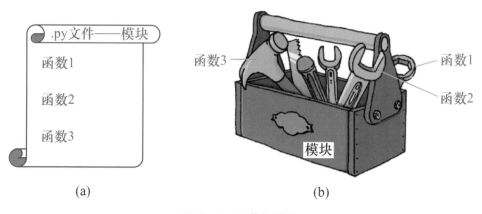

图 4-2　函数与模块

第一节

Section 1

函　数

在函数这一部分，我们将介绍如何使用系统自带的内置函数，以及如何定义自己的函数等。

Python在安装好之后，提供了很多类似钳子、锤子、剪刀的工具——函数。这样用户就可以方便地从"工具箱"中直接取工具来使用，当然要注意使用规范，要不然程序就会报错。在前面的例子中，我们已经使用了一个函数名为print的内置函数，当时采用的是一个参数的形式，如：

```
a=3
print(a)
```

也可以采用多个参数的形式，如：

```
a=3
print('a=',a)
```

运行结果为：a= 3。

参数可以理解为函数的输入，是否有输出值取决于函数的定义，上面程序中的函数print()就没有输出值。而如果在函数的定义中需要返回某个值，如对一个数进行四舍五入的函数round()就有输出值，即将一个数四舍五入后的值进行输出。

```
b=3.64
c=round(b)
print('c=',c)
```

上面的程序将函数的结果赋给变量c，输出结果是"c=4"。

在使用函数时，是否需要填入参数，这取决于它的定义，需要按照函数所能接受的，即符合定义规定的数据类型和参数个数来调用函数。正如一个面包机，如果放入的不是面粉、酵母，而是大米，就无法得到正确的结果。

因此，要调用一个函数，需要知道函数的名称和参数，可以直接从Python的官方网站查看文档：http://docs.python.org/3/library/functions.html。

表4-1给出了一些常用的系统函数名。

表 4-1　常用系统函数名

系统函数	系统函数	系统函数	系统函数	系统函数
abs()	delattr()	hash()	memoryview()	set()
all()	dict()	help()	min()	setattr()
any()	dir()	hex()	next()	slice()
ascii()	divmod()	id()	object()	sorted()
bin()	enumerate()	input()	oct()	staticmethod()
bool()	eval()	int()	open()	str()
breakpoint()	exec()	isinstance()	ord()	sum()
bytearray()	filter()	issubclass()	pow()	super()
bytes()	float()	iter()	print()	tuple()
callable()	format()	len()	property	type()
chr()	frozenset()	list()	range()	vars()
classmethod()	getattr()	locals()	repr()	zip()
compile()	globals()	map()	reversed()	_ _import_ _()
complex()	hasattr()	max()	round()	

对于用户来说，要记住这些函数名并不是件容易的事，也没有必要。可以在需要使用某个功能时，搜索是否有相应的函数可以完成这个功能，然后再对照这个函数的参数说明和应用实例来进行使用。例如，我们想求取几个数的最大值，可以尝试在搜索引擎上搜索"求最大值　函数　Python"，就可以看到相应的搜索结果中提示使用max()函数，同时查到max()是可以放入任意多个参数且有返回值的函数，如：

```
max(6, 3, 8, -2)
```

输出结果为：

```
8
```

　　系统往往提供一些通用的工具，我们也可以搭建自己的工具，就像玩积木一样，只要按照一定的规则来，也可以创造个性化的产品。就是说用户也可以自己创建函数，用户自己创建的函数被称为用户自定义函数。定义一个自己的函数需要符合一定的语法规则，通过前面调用函数的过程，我们可知，函数至少具备几个主要的内容：函数名、是否有参数（在圆括号中）、对参数的操作（函数体）、是否有返回值（return）。下面我们先定义一个可以执行"为输入数据加1并打印"操作的函数addone()。

```
def addone(data):
# "函数_为输入数据加1并打印"
newdata=data+1
    print('原值为：' ,data)
    print('加1后的值为：' ,newdata)
    return newdata


addone(4)
```

输出结果为：

原值为：4
加1后的值为：5

　　上例中函数是有返回值的。上例采用"return[表达式]"退出函数，其选择性地向调用方返回一个表达式。不带参数值的return语句返回None。

　　但是要注意，在制造工具的时候，要符合一定的规范。下面我们初步了解如何定义一个函数，其基本规则如下。

- 首先要以def关键词开头，后面跟着函数名以及圆括号，如上例中的"def addone(data):"，addone是函数名或者是函数标识符名，圆括号中是参数。

- 任何输入参数和自变量必须放在圆括号中，如"（data）"中的data为参数。
- 函数的第一行语句可以选择性地使用文档字符串——用于存放函数说明。
- 函数内容以冒号起始，并且缩进（直接采用Tab键缩进）。
- "return [表达式]"结束函数，选择性地返回一个值给调用方。不带表达式的return语句相当于返回 None。

函数名的选取按照命名规则来定，一般以字母开头。参数和函数体的设计是最难的部分，是否需要参数，设定几个参数是根据需要来确定的，也就是说如果函数体执行的部分需要从外界输入参数，则需要设定参数，正如照相机需要外界影像信息的输入，面包机需要面粉、水等输入，这些输入往往是可变的量，需要用户在调用时确定；如果函数执行的内容是固定的、不变的，就可以采用无参函数，例如，我们设计一个函数，打印"你好，世界!"，就可以设计为如下形式：

```
def hello():
    print("你好，世界!")
#调用程序
hello()
```

运行结果为：

你好，世界！

▶▶ 工具需要加工的原材料——函数中的参数

面包机处理的是面粉，酸奶机处理的是牛奶，函数处理的是数据，如果这个数据需要从外界输入，我们就需要设计参数。

函数的参数有几种形式，例如，最普通的是列出固定的参数，我们调用的时候按照定义的顺序输入相应的数值即可，但这个要求我们必须按照顺序依次输入。因此，Python提供了一种关键字参数，按照关键字输入数据时，只要将数据绑定在关键字上就可以不按照顺序进行输入。此外如果我们不输入数据，程序也有一个默认的值可以操作，例如，我们在Word上编辑文字，默认是白底黑字。最复杂的一种情况是我们需要输入的参数的个数是无法预先知道的，或者说是可变长度的，此时需要设计不定长参数。下面将针对以上几种情况分别进行举例并说明。

1. 必备参数

必备参数需以正确的顺序输入函数。调用时的数量必须和声明时的一样。

调用addone()函数，必须输入一个参数，不然会出现语法错误：

```
#调用addone()函数
addone(5,4)
```

以上实例输出结果：

```
TypeError: addone() takes 1 positional argument but 2
were given
```

2. 关键字参数

如果用户调用函数时不想按照函数参数的顺序填写参数，可以采用关键字方式，即在调用时说明关键字的值是什么。下例中分别采用按顺序赋值和采用关键字的方式，得到相同的结果。

```
def compare(var1,var2):
  if var1<var2:
    print("var1<var2")
  elif var1==var2:
    print("var1=var2")
  else:
    print("var1>var2")
  return
compare(5,6)
```

```
compare(var2=6,var1=5)
    #调用compare()函数
compare(5,6)
compare(var2=5,var1=5)
```

以上实例输出结果：

```
var1<var2
var1=var2
```

3. 缺省参数（默认参数）

缺省参数是在函数定义时，就给参数一个初始化的值（默认值），调用函数时，缺省参数的值如果没有输入，则被认为是默认值。

```
def printshape(shape,color='black'):
  print('shape:',shape)
  print('color:',color)
  return
#调用printshape()函数
shape="circle"
printshape (shape,color='red')
printshape ("diamond" )
printshape (shape="rectangle" )
```

以上实例输出结果：

```
shape: circle
color: red
shape: diamond
color: black
shape: rectangle
color: black
```

---

4. 不定长参数

有时用户需要的参数个数是变化的，不是固定长度的，因此在函数声明时需要建立一种不定长参数机制，参数设计的基本语法如下：

```
def functionname([formal_args,] *var_args_tuple)
```

加了星号（*）的变量名会存放所有未命名的变量参数。不定长参数实例如下：

```
def printinfo(arg,*var_arg):
  "打印任何输入的参数"
  print("输出: ")
  print(arg)
  for var in var_arg:
    print(var)
#调用函数
Shuihu108_info_list=[['1', '天魁星', '呼保义', '宋江'],['2','天罡星','玉麒麟','卢俊义'],['3','天机星','智多星','吴用']]
Sanguo_dict = {'关羽':'蜀国', '张辽':'魏国', '魏延':'蜀国'}
printinfo('信息',Shuihu108_info_list,Sanguo_dict)
```

以上实例输出结果：

```
输出:
信息
[['1', '天魁星', '呼保义', '宋江'], ['2', '天罡星', '玉麒麟', '卢俊义'], ['3', '天机星', '智多星', '吴用']]
{'关羽': '蜀国', '张辽': '魏国', '魏延': '蜀国'}
```

▶▶ 原材料出来后还是原来的形态吗？
——函数调用输入的对象与参数的关系

在Python中，函数圆括号内的参数是不设计类型的，类型属于在函数调用时填入的实际操作对象，但实际函数体的运算对类型是有要求的，因此在调用中需要查看对象类型的要求。

当一个对象进入函数调用过程中时，如果在函数体内改变了该对象的值，那么在函数调用之后该对象的值是否发生改变了呢？

下面我们来看一个例子：

```
def changevalue(a,b):
   a=5
   b[0]=10
   return
```

调用changevalue()函数

```
a=20
b=[1,2,3]
changevalue(a,b)
print("a=",a)
print("b=",b)
```

之后输出a、b的值，可以得出：

```
a=20
b=[10,2,3]
```

可以看出，不同的对象a和b经过函数的操作之后，a的值没有发生变化，而b的值发生改变了。在Python中，字符串、元组和数字是不可更改的对象，而列表和字典等则是可以修改的对象。即如果在函数中修改了这些值，在函数外，只有列表和字典对象的值被改变了。需要强调的是，如果b是一个元组类型，程序会报错，在函数中不允许修改元组类型的对象。

➤ 哪些原料可以被使用——变量使用的范围以及

一个原料是否能被工具所使用，取决于它与工具使用时间的先后关系。

例如，一个洗衣机已经开始洗衣服了，这时就无法放入新的衣物，衣物应在洗衣机启动之前放入。同样，如果一件衣服已经在洗衣机里了，我们也无法直接获取它。因此，一个变量是否能够被访问，在什么范围内可以被访问，取决于这个变量是在哪里赋值的。这就是变量的作用域，它决定了在哪一部分程序可以访问哪些变量。

两种最基本的变量(全局变量和局部变量)作用域如下。顾名思义，全局变量在程序的任何地方都可以访问，它在函数之外定义，可以在整个程序范围内访问；而局部变量只能在其被声明的函数内部访问。也就是说，在函数中是否可以使用变量，取决于变量与函数声明的先后关系。

```
var1=20
def Vcmp(var2):
  if var1<var2:
    print("var1<var2")
  elif var1==var2:
    print("var1=var2")
  else:
    print("var1>var2")
  return
Vcmp(6)
print('var1=',var1)
print('var2=',var2)
```

var1是全局变量，var2是局部变量。输出结果为：

```
var1>var2
var1=20
NameError: name 'var2' is not defined
```

在函数内部，可以访问var1和var2；而在函数之外，只能访问var1，而不能访问var2。

第
二
节

Section 2

模　块

如果说函数是一个一个的工具，那么模块就是一个一个的工具箱，如电工箱、木工箱、医药箱等。模块把许多有关联的函数放在一起，如果要使用这些函数，只需要将模块导入即可。

▶▶ 使用模块的好处

如果说模块是工具箱，使用模块的好处就显而易见了。第一个好处是非常方便，代码易于维护，用户把整个工具箱打包拿来，就可以使用整个工具箱的所有工具了。如果工具坏了，只需要维护工具箱即可，不用去自己的代码堆里寻找。有了工具箱模块，我们编程的工作就轻松多了，不用自己一个一个地从头开始构建自己的工具。

使用模块的第二个好处是还可以避免函数名和变量名冲突。例如，一个年级有两个同学都叫张明，如果他们在不同的班当中，就不会发生命名冲突了。因此，我们自己在编写模块时，不必考虑名字会与其他模块冲突。但是也要注意，尽量不要与系统内置函数的名字冲突。

▶▶ 如何定义和使用模块

一个模块就是一个.py文件，我们可以新建一个文件，将相关Python代码的集合放在其中，这就形成了一个模块。注意模块名要遵循Python变量命名规范，不要使用中文、特殊字符；模块名不要和系统模块名冲突，最好先查看系统是否已存在该模块，检查方法是在Python交互环境执行"import 模块名"，若成功则说明系统存在该模块。

例如，我们将addone()函数放在example4.py文件中，如图4-3所示。

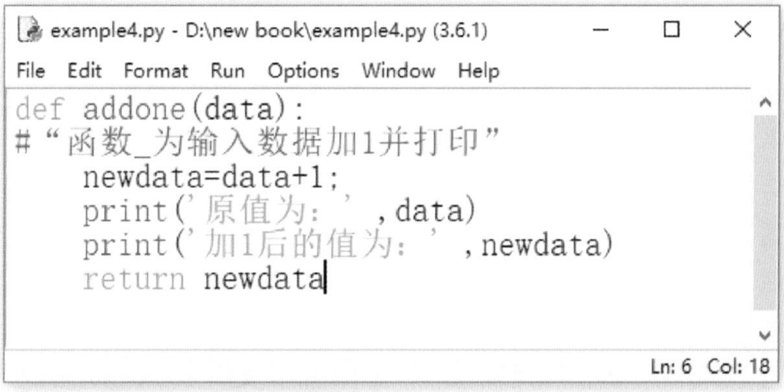

```
example4.py - D:\new book\example4.py (3.6.1)        —    □    ×
File  Edit  Format  Run  Options  Window  Help
def addone(data):
#"函数_为输入数据加1并打印"
    newdata=data+1;
    print('原值为: ' ,data)
    print('加1后的值为: ' ,newdata)
    return newdata
                                                        Ln: 6  Col: 18
```

图 4-3　创建模块

此时example4.py就可以在其他文件运行时进行调用，只需要加入语句"import example4"即可。在使用addone()函数时，需要指明来自example4模块，即"example4.addone(参数)"，如图4-4所示。

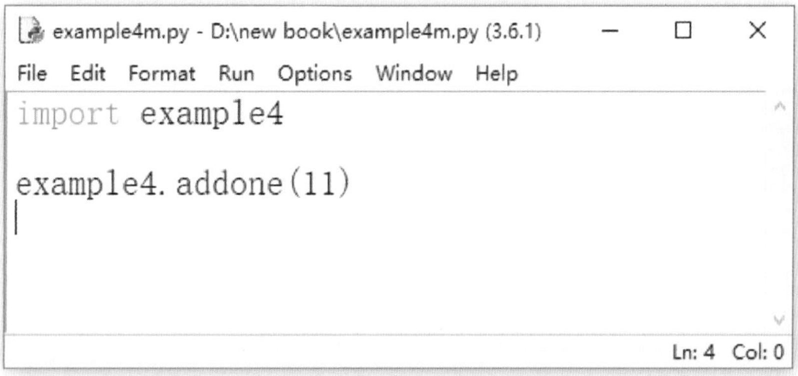

```
example4m.py - D:\new book\example4m.py (3.6.1)      —    □    ×
File  Edit  Format  Run  Options  Window  Help
import example4

example4.addone(11)

                                                        Ln: 4  Col: 0
```

图 4-4　使用模块中的函数

运行结果为：

原值为:　11
加1后的值为:　12

本章小结

本章首先介绍了函数的作用、定义和使用。函数是组织好的、可重复使用的、用来实现单一或相关联功能的代码段，能提高代码的重复利用率。Python 提供了许多内置函数，如 print()。用户也可以自己创建函数，即用户自定义函数。在函数中，注意参数的运用，是否需要参数取决于这个函数是否需要从外界接收信息才能完成相应功能。

本章还介绍了模块的实现。模块让用户能够有逻辑地组织 Python 代码段。Python 模块是一个 Python 文件，以 .py 结尾，包含了 Python 对象定义和 Python 语句。把相关的代码分配到一个模块里可以让代码更好用，更易懂。

本章习题

1. 编写一个函数,当你输入名字（如刘梅）的时候,它可以输出"你好，刘梅！"。

2. 编写一个函数，当你输入名字、地点和动作的时候，如"小明""家""看书"，函数可以输出"小明正在家看书"。

3. 编写一个函数，当你输入名字、年龄、爱好时，它可以根据年龄输出不同的内容，例如：输入"小明""12""打球"时，输出"小明今年12岁，小明喜欢打球，小明是祖国的未来"；或者输入"李大爷""70""下棋"时，输出"李大爷今年70岁，李大爷喜欢下棋，家有一老，如有一宝"。

4. 编写一个函数,当输入 n 为偶数时,调用函数求 $1/2+1/4+\cdots+1/n$；当输入 n 为奇数时，调用函数求 $1/1+1/3+\cdots+1/n$。

5. 编写一个函数，输入的参数是一个列表，检查列表的长度，如大于2，保留前两个长度的内容，并将其余内容返回给调用者。

第五章

生命个体
——面向对象

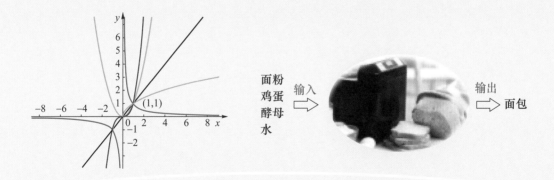

在前面的章节中，数据和数据的操作是分开进行的，或者说没有一个类似现实世界中的生命体，既具有一些属性特征，又能够执行一定的功能。这对于计算机编程来说，无疑是缺憾的，其所描述世界的方法和世界的特征无法统一在一起。面向对象编程的思想因此而产生，同样在Python中也有面向对象编程。

先来举一个例子，在前面我们提到了关羽，如果再加上张辽、陆逊等，我们可以把他们统称为武将，具体来说，关羽又属于蜀将，张辽为魏将，陆逊为吴将。之所以称为武将，是因为他们具有共同特征，即有武器，会骑马，会武艺且能指挥打仗，当然他们还有一些人的基本特征，如身高、年龄、经验等。可以看出，在这里"人物""武将""蜀将"都是类别，是一些具有共同特征的事物的集合，是更为抽象的概念，而每一个将领如关羽、张辽、陆逊都是具体的对象，如图5-1所示。

图5-1　人物类—武将类—蜀将、魏将、吴将

在计算机编程中，我们把这些抽象的类别称为类（class），把这些具体的事物称之为对象（object）。面向对象的编程可以把零散的数据和数据的操作结合成更为有机的整体（封装）。例如，关羽打过一次仗之后，就会增加他自己的经验值。程序语言中的方法、操作对应人的行为、动作，采用函数来实现；而属性等用数据来表示。这样对数据和数据的操作就可以在面向对象编程中实现有机的结合。

因此在面向对象编程中，最核心的就是类和对象。类用来描述具有相同属性和方法的对象的集合。它定义了该集合中每个对象所共有的属性和方法。对象是类的实例。类中需要包含数据成员和方法（类中定义的函数）。类中的数据成员包括了属于类的变量（对象公用的）以及实例变量（定义在方法中的变量，只作用于当前实例的类）。类可以看作一个模板或者模子，由类生成具体的一个个对象。

类与类之间可以构建继承关系，例如，上面的武将和蜀将这两个抽象类别可以构成继承关系，即蜀将类继承了武将类中的数据和方法，此时武将类被称为基类（base class）或父类，蜀将类被称为派生类（derived class）或子类，或者我们也可以称武将类派生出蜀将类，如图5-2所示。

图 5-2　继承与派生

在派生类中，可以不用重新编写与基类相同的代码，但如果继承过来的方法不能满足派生类的要求，可以对其进行改写，这称为方法的覆盖（override），也称为方法的重写。这样一来，同一个函数名，当对应的对象不同时，就会执行不同的功能，这就是多态，即"多种形态"。例如，我们有一个多功能启瓶器，虽然它只是一个物品，但是它遇到不同的酒瓶，如葡萄酒、啤酒酒瓶，就会根据瓶子的不同而采用不同的方法来打开。再如，同一个USB接口可以接不同的设备，如U盘、移动硬盘、打印机，但是传输的内容不同，相应的处理方式也会有所不同。图5-3所示为生活中的多态概念。

总之，数据封装、继承和多态是面向对象的三大特点，我们后面会详细讲解。下面将前面涉及的一些名词总结如下。

(a)

(b)

图 5-3　生活中的多态概念

- 实例化：创建一个类的实例，即类的具体对象。

- 方法：类中定义的函数。

- 对象：通过类定义的数据结构实例。对象包括数据成员（类变量和实例变量）和方法。

- 数据成员：类变量或者实例变量，用于处理类及其实例对象的相关数据。

- 类变量：属于类的变量，在整个实例化的对象中是公用的。类变量定义在类中且在函数体之外。类变量通常不作为实例变量使用。

- 实例变量：定义在方法中的变量，只作用于当前实例的类。

- 继承：即一个派生类继承基类的字段和方法。继承也允许把一个派生类的对象作为一个基类对象对待。

- 方法重写：如果从父类继承的方法不能满足子类的需求，可以对其进行改写，这个过程叫方法的覆盖，也称为方法的重写。

下面将介绍如何在Python中创建和使用类与对象。

定义一个类

类和实例(instance)是面向对象最重要的概念。类是指抽象出的模板，就像我们制作彩泥的模子。实例则是根据类创建出来的具体的"对象"，就如同使用模子制作出的一个个彩泥形象，它们有一些共同点，如形状，也就是说每个对象都拥有从类中继承的相同方法，但各自的数据可能不同，如颜色不同。

在Python中定义一个类：

```
class Person(object):
  def __init__(self, name, gender):
    self.name = name
    self.gender = gender
```

与函数的定义相似，在第一行要指明类名，注意先写出关键字class来定义类，后面跟着类名，类名通常是大写字母开头的单词，如Person。括号内的object表示该类是从哪个类继承下来的。在没有特定的类需要继承时，我们就采用一个通用的object类。

生成对象

定义好了类这个模板之后，就可以根据Person类创建实例，过程类似于函数调用：

GY= Person(" 关羽 "," 男 ") # Guanyu 是 Person () 的实例

调用时，类名是一个函数，返回值是一个对象实例。

在类中，有这样一个函数_ _init_ _，它是一个初始化函数。我们可以这样理解，当我们使用PowerPoint、Word创建一个文档或者在游戏中创建一个人物时，这些具体的对象总有一些属性值，如白底黑字的Word文档，将人物初始化为一个20岁的青年等。

其中，_ _init_ _方法的第一个参数永远都是self，表示创建实例本身，在_ _init_ _方法内部，如self.name表示这个name值是属于实例本身的，即实例的属性，就像一个人总有年龄、身高等属性。而name则是外部输入的参数，用来给self.name赋值，就像在游戏中创建人物时在姓名框中输入值。

如果在_ _init_ _函数中，没有指定从属变量，对象可以自行创建属性值，而如果是有参数的_ _init_ _函数，则需要在创建实例对象时输入参数（self不用赋值，只需要输入两个参数），如GY= Person("关羽","男")。当然，还可以自行增加属性值，如GY.age=28，这是对象在原有模板基础上自行添加的，只属于该对象实例本身，其他由模板创建的实例并不含有此项。

属性值属于对象，如果要访问，必须指定对象，如打印关羽的年龄，键入命令print(GY.age)即可，此时读者可以将中间这个点（.）理解为"的"，

即"关羽的年龄"。

这样看来，封装数据可以将一系列相关的变量绑定在一个对象上，但是对象如果只包含这些数据，则它还是不完美的。例如，我们想输出武将的信息，需要定义外部函数：

```
def print_info(wj):
    print("%s: %s" % (wj.name, wj.gender))
print_info (GY)
```

输出结果为：

关羽：男

这样看起来，类的作用就和一个列表或者字典差不多，似乎也没有什么优势。而现实世界中的对象都具备行动力，这些行动会对对象自身产生影响。例如，我们反复练习投篮，那么我们的投篮命中率就会提高。而这些行为和属性都是从属于一个对象的。因此，也应该将这些函数写在类的模板里，这样一来，每创建一个实例对象，这个对象就既具有属性，也具有方法。是否可以把函数方法也作为对象的一部分呢？答案是肯定的。

类的方法

实现类的方法非常简单，只需要将函数写在类模板的内部即可，而且由于它写在内部，因此可以直接访问属性变量，不过需要注意的是要绑定在self上。

既然我们创建的实例里有自身的数据，如果想访问这些数据，就没必要从外面的函数去访问，可以在Person类内部去定义这样一个访问数据的函数，这样就把"数据"给封装起来了。这些封装数据的函数是和Person类本身关联起来的，我们称之为类的方法。此时，我们将print_info()函数的参数类型由原来的Person改为self即可，并放在class Person的定义之中，这样print_info()函数就成为类的方法，可以直接对属性name和gender进行操作。

```python
class Person(object):
  def __init__(self, name, gender):
    self.name = name
  self.gender = gender
def print_info(self):
  print("%s: %s" % (self.name, self.gender))
```

这样一来，对象可以直接使用方法，与访问自己属性的方式相同：

```python
GY= Person("关羽","男") # Guanyu是Person()的实例
GY.print_info()
```

运行结果是：

关羽：男

总之，类是创建实例的模板，而实例则是一个个具体的对象，各个实例拥有的数据都互相独立，互不影响；方法就是与实例绑定的函数，和普通函数不同，方法可以直接访问实例的数据；通过在实例上调用方法，我们就可以直接操作对象内部的数据，而无须知道方法内部的实现细节。和静态语言不同，Python允许对实例变量绑定任何数据，也就是说，对于两个不同的实例变量，虽然它们是同一个类的实例，但拥有的变量名称可能不同：

```
# 用相同类创建了两个不同实例
GY= Person("关羽","男")
ZL= Person("张辽","男")
# 给其中一个实例绑定一个变量名age
GY.age=30
print(GY.age)
# 另一个同类实例中是没有age的
print(ZL.age)
#结果会报错
30
AttributeError: 'Person' object has no attribute 'age'
```

小 P 说一说

我是一个"类"，要用 class；不是一棵草，不用 grass。

我有名也有姓，可惜不能用中文。

我生来非虚无，函数 _ _init_ _ 初始化，赋予血与肉（属性）。

设计新函数，给我以能力（方法）。

"类"是框架，"对象"是实例。

由"类"生"对象"，由"一"生"万物"。

万物有相似，其实各不同。

访问限制

在一个类的内部，方法可以直接操作属性，然而外部的代码也可以修改一个实例对象的属性。访问的方式是通过点号"."来实现。

这就存在一定的安全隐患。如家里的电视机，用按钮、遥控器都可以对其内部的芯片发出指令，这属于一个类内部的操作，而如果我们打开电视机去直接操作芯片，这就相当于直接访问实例对象的内部属性，这实际上是不太安全的。因此，在有必要的时候要对对象的属性进行访问限制。

小P想一想

我是一个"类"，是个藏宝箱，里面有很多宝贝和藏宝图（类内的属性）。

不想让别人知道，那该怎么办？

…………

加上一把锁，变成私有变量（两个下划线 __）。

有一天，世事变迁，藏宝图需要修改。

我拿来一把钥匙（类内的方法），打开了藏宝图。

依据小P的想法，为了解决这个问题，我们引入私有变量(private)的概念，也就是说这个变量不能直接被外部访问，而需要通过调用对象内部的方法才能够对其进行访问。在Python中，一个私有变量是在属性的名称前加上

两个下划线__，例如：

```
class Person(object):
  def __init__(self, name, gender):
  self.__name = name
  self.__gender = gender
def print_info(self):
  print('%s: %s' % (self.__name, self.__gender))
#调用
Xiaoming=Person("小明","男")
Xiaoming.print_info()
print(Xiaoming.name)
```

这样改完之后，可以通过print_info()函数来访问，但是无法直接通过点号 "." 来访问对象的属性值了。

```
小明: 男
AttributeError: 'Person' object has no attribute
'name'
```

如果需要从外界访问对象的属性，需要通过建立一个桥梁来完成。前面说到，类内部的方法可以访问属性，我们可以为类设计相应的函数方法，来获取内部的属性值或者修改内部的属性值。

例如，我们设计一个名为get_name()的函数，通过return返回self.__name值来取得属性值，设计set_name()函数，通过外部参数name修改self.__name的值。

```
class Person(object):
  def __init__(self, name, gender):
    self.__name = name
    self.__gender = gender
  def print_info(self):
```

```
        print('%s: %s' % (self.__name, self.__gender))
    def get_name(self):
        return self.__name
    def set_name(self, name):
        self __name = name
#调用
Xiaoyun=Person("? ","? ")
Xiaoyun.set_name("小敏")
print(Xiaoyun.get_name())
```

运行结果为：

小敏

类的继承

我们在前面看到，Person类继承了object类，也就是Person类可以将object类的相关属性和方法作为自己的属性和方法。新的class称为子类（subclass），而被继承的class称为基类（base class）、父类或超类（super class）。下面是继承的基本语法：

```
class 派生类名(基类名)
……
```

在Python中继承有一些特点。

- 如果在子类中需要父类的构造方法就需要显式调用父类的构造方法，或者不重写父类的构造方法。
- 在调用基类的方法时，需要加上基类的类名前缀，且需要带上 self 参数变量。区别在于在类中调用普通函数时并不需要带上 self 参数。
- Python 总是首先查找对应类型的方法，如果它不能在派生类中找到对应的方法，它才会到基类中逐个查找。（先在本类中查找调用的方法，找不到才去基类中找。）

如果在继承元组中列了一个以上的类，那么它就被称作"多重继承"。

下面我们先来实现一个例子，再来体会上面的规则。

假定我们在Person的基础上设计一个武将类（Wujiang），它增加了一个经验值exp的属性，一个战斗函数fight()。

```
class Person(object):
  personCount=0
  def __init__(self, name, gender):
    self.name = name
    self.gender = gender
    Person.personCount=Person.personCount+1
  def print_info(self):
    print("%s: %s" % (self.name, self.gender))
  def fight(self):
    print(self.name,"正在打仗...")


class Wujiang(Person):
  def __init__(self, name, gender,exp,weapon):
    #这一行继承父类构造函数
    Person.__init__(self, name, gender)
    self.exp=exp
    self.weapon=weapon
  def fight(self):
    print(self.name,"正在使用",self.weapon,"打仗...")


GY1= Person("关羽","男")
GY1.fight()
GY2= Wujiang("关羽","男",2000,"青龙偃月刀")
GY2.fight()
```

如果生成的是派生类对象，则调用自身的fight()函数，运行结果如下：

关羽正在打仗...

关羽正在使用青龙偃月刀打仗...

在这个例子中，Wujiang类继承了Person类，可以把Person当中的参数name和gender继承下来。如果不增加任何新的参数，可以不用写自己的构造函数（初始化函数__init__），但是如果需要给新参数赋值，就需要自己写构造函数，对于继承过来的参数name和gender，可以用两种方式进行赋值，一是直接赋值，二是通过调用父类的构造函数来完成。另外，其他函数也可以继承下来，如果需要修改相应内容，也可以进行重写，如fight()函数在子类中就进行了重写，这样在子类对象调用fight()函数时，优先使用的是自己写的fight()函数。

小 P 来总结

我是一个"子类"，可以从父类那里继承很多很多，如单眼皮、大耳朵、爱读书……（继承）

但是我想有自己的特点，如高个子、做机器人……（新增属性和方法）

我在构建自己的时候用了父类的模板，又增加了我自己的特色。（构造函数重写）

即使是爱看书，阅读方向也不同，父类喜欢看文史类的书，我可是对军事很感兴趣呢！（方法的重写）

第
六
节

Section 6

多　态

➤➤ 函数（方法）多态

在类的继承的例子中，我们看到，在父类和子类中都有一个函数fight()，那么在子类对象调用时究竟调用哪一个呢？Python和很多面向对象语言一样，采用的是就近原则，先看自己有没有这个函数定义，如果有，就优先采用自己的。这和我们日常生活中的一些事情也非常契合，如找一本书来看，一般来说我们会选择自己爱看的那本书。

那么问题来了，这样的方式究竟有什么好处呢？在调用时，既然已经和对象绑定，自然是调用自己的函数，除了不用写多个函数名之外，似乎也没有简化多少代码。

我们换一个场景来看待这个问题。假设我们在游戏中，需要观察每个武将或者士兵战斗的情况。注意，此时是从外界的角度来看待这个问题，假设我们要把这个观察过程写成一个名为Warshow()的函数，需要输入参数（需要观察的对象）才可以进行观察。在设计Warshow()函数时Para应该输入什么参数呢？

小 P 问一问

```
def Warshow(Para):
  Para.fight()
```
在设计 Warshow() 函数时 Para 应该输入什么参数呢？

输入步兵参数？

输入武将参数？

如果还有骑兵，需要输入骑兵参数吗？

如果不指定参数类型，可以吗？如果没有多态机制，必须要进行指定，否则它们都有 fight() 函数，究竟调用哪一个呢？

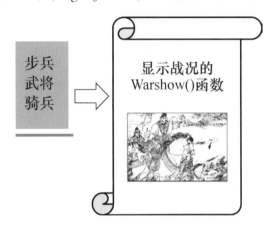

但是有了多态机制就好办了。不管是步兵类、武将类、骑兵类，如果把它们都放在Person类之下（成为其子类），那么这个Para参数的类型直接定义为Person类即可。这样就实现了一个接口、多种形态。下面我们来看一个完整的例子：

```python
class Wujiang(Person):
  def __init__(self, name, gender,exp,weapon):
    Person.__init__(self, name, gender)#父类的构造函数
    self.exp=exp
    self.weapon=weapon
  def fight(self):
    print(self.name,"正在使用",self.weapon,"打仗...")

class Bubing(Person):
```

```
def __init__(self, name, gender,exp):
  Person. __init__(self, name, gender)
  self.exp=exp


def fight(self):
  print("士兵",self.name,"正在使用长矛打仗...")

def Warshow(Person):
  Person.fight()


GY= Wujiang("关羽","男",2000,"青龙偃月刀")
Soldier1=Bubing("张三","男",180)


Warshow(GY)
Warshow(Soldier1)
```

输出结果为：

关羽　正在使用　青龙偃月刀　打仗...
士兵　张三　正在使用长矛打仗...

在这个例子中，Warshow()函数的参数类型仅仅设计为Person类，但是在使用中可以输入Wujiang类的对象GY和Bubing类的对象Soldier1，并且在最后的执行过程中，它们可以分别调用各自的fight()函数。

➤ 运算符重载

以上是方法的多态，还有一种多态是运算符的多态，即运算符重载。例如，加法运算符"+"一般对整数、浮点数进行操作，如果是两个向量相加，就没有相应的加法运算符与之对应，这时可以自行设计。

例如，有两个向量**vec1**和**vec2**，坐标分别为（2，4）和（3，−2），它们相加后的向量**sumofvec**的坐标为（5，2），如图5-4所示。

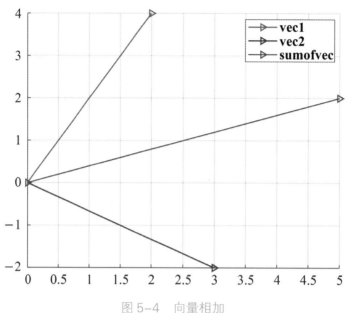

图 5-4　向量相加

Python同样支持运算符重载，实例如下。

这里采用对__add__()函数的重新定义完成运算符 "+" 的重载。

```
class Vector:
  def __init__(self, a, b):
    self.a = a
    self.b = b
  def __str__(self):
    return 'Vector (%d, %d)' % (self.a, self.b)
  def __add__(self,other):
    return Vector(self.a+other.a, self.b+other.b)

v1 = Vector(2,4)
v2 = Vector(3,-2)
print(v1+v2)
```

以上代码执行结果如下：

Vector(5, 2)

在这里，我们对_ _add_ _()进行了重新定义，实际上就是对加法运算符进行了重新定义，从而实现了对向量的相加。

本章小结

本章首先介绍了面向对象编程的基本思想以及关键概念（封装、继承和多态），具体介绍了类和对象的定义和实现、类模板的数据和方法的实现。在此基础上，本章讨论了类成员的访问机制以及私有变量的设置。最后本章介绍了类的继承和多态。在继承部分，需要重点掌握如何继承类、父类与子类之间的关系、子类中方法的重写；在多态部分，重点理解统一接口的优点以及如何实现多态。

本章习题

◆ 1. 说一说什么是类，如何创建一个类？

◆ 2. 如何创建一个对象？

◆ 3. 如何访问对象的成员？

◆ 4. 创建员工类 Employee，属性有姓名 name、能力值 ability、年龄 age，功能有 doWork()，该方法执行一次，该员工的能力值加 5，创建 info 方法，打印该员工的信息。

◆ 5. 编写一个字符串输入输出类 Strinout，有两个方法 get_String 和 print_String，get_String 可以从用户处获得字符串，而 print_String 可以用大写字母打印该字符串。

◆ 6. 编写一个名为 Rectangle 的类，包含长与宽的属性，并有一个计算面积的函数。

◆ 7. 编写一个名为 Circle 的类，包含半径属性以及两个函数，两个函数分别计算面积和周长。

参 考 文 献

[1] Briggs J. 趣学 Python 编程 [M]. 尹哲，译 . 北京：人民邮电出版社 .
     2014.

[2] Payne B. 教孩子学编程 (Python 语言版)[M]. 李军，译 . 北京：人民邮电出
     版社，2016.

[3] Python 基础教程 [EB/OL]. [2019-06-28].https://www.runoob.com/python/
     python-tutorial.html.

[4] 廖雪峰 .Python 教程 . [2019-06-28].https://www.liaoxuefeng.com/wiki/1016959663602400.

[5] Python 官网 . [2019-06-28].https://www.python.org/.

后　记

在中小学阶段学习人工智能（AI）课程，通过编程实践可以加深对 AI 理论知识的理解，增强学生的实践能力。如何将编程语言和 AI 理论知识有机结合？如何对课程进行定位？这些仍是"在中小学阶段设置人工智能相关课程"的实践中需要研究探索的内容。

本系列丛书中的《人工智能》(上下册) 尝试从新的视角和方式来普及 AI 理论知识，而本书（上下册）作为 AI 理论配套的编程实践教材，尝试用生活化的语言、青少年易于理解的实例来解读 Python 编程语言（上册）以及剖析如何用 Python 语言编程实现典型的 AI 方法（下册），帮助青少年打破学习 AI 知识的壁垒。

"少年强则国强"，中小学人工智能教育是普及人工智能教育的重要环节，作为其重要载体的教材的编写则需要中小学教育领域、人工智能科研领域以及人工智能产业领域诸多工作者的共同努力。作为一名人工智能领域的教育和科技工作者，我深感有责任和义务为 AI 的普及尽一份绵薄之力，这正是尝试编写本书的初衷。

在本书的编写过程中，作者参阅了大量的中小学读物和教材，并结合了作者的高校教学经验，征询了青少年读者的建议，在选取实例和语言表达中试图贴近该年龄段学生的特点和接受力。尽管如此，仍觉言不尽意，望作抛砖引玉之用。

　　本书的定位为中学版教材，各学校可根据师资条件和课程计划安排在初中阶段或高中阶段开始学习。

　　本书中的图片部分源于网络转载，找到出处的均在书中予以标注，部分图片无法找到原始出处，在此一并向原作者致以诚挚的谢意！

作　　者

于 2019 年 7 月